MATHEMATIQUES PAR LES PROBLEMES AU BREVET

- ✓ *57 Exercices et problèmes de révision*
- ✓ *11 Problèmes de construction*
- ✓ *Qui cherche trouve*
- ✓ *Vrai….mais…faux*
- ✓ *Divisibilité dans N*

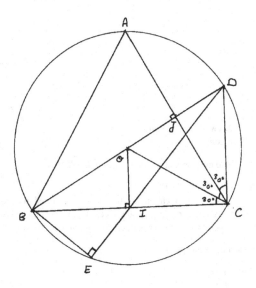

Seifedine Kadry, PhD

Professor of Applied Mathematics
American University of the Middle East
Kuwait
2012

Order this book online at www.trafford.com
or email orders@trafford.com

Most Trafford titles are also available at major online book retailers.

Printed in the United States of America.

ISBN: 978-1-4669-6006-0 (sc)
ISBN: 978-1-4669-6008-4 (hc)
ISBN: 978-1-4669-6007-7 (e)

Library of Congress Control Number: 2012918174

Trafford rev. 09/27/2012

 www.trafford.com

North America & international
toll-free: 1 888 232 4444 (USA & Canada)
phone: 250 383 6864 ♦ fax: 812 355 4082

Table de matières

EXERCICES ET PROBLEMES DE REVISION

1) On considère l'ensemble E = {1,2,3,5,6,7,8,9,12}

   1° Ecris en extension les ensembles: A={x/x ∈ E et x divise 18}

                                                  B={x/x ∈ E et x impair}

   2° Ecris en extension les ensembles: $A \cap B$, $A \cup B$, $\complement_E A$, $\complement_E B$

   3° Compare les ensembles

     $\complement_E (A \cup B)$ et $\complement_E A \cap \complement_E B$ puis $\complement_E (A \cap B)$ et $\complement_E A \cup \complement_E B$

   4° La famille des parties $\{A \cap B, \complement_E (A \cup B), \complement_A (A \cap B), \complement_B (A \cap B)\}$

    Forme-t-elle une partition de E?

****

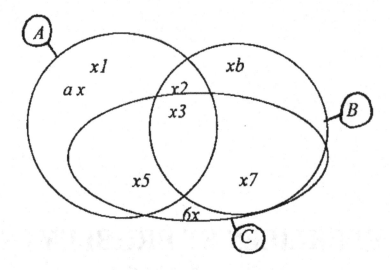

2) Voici un diagramme de V en représentant trois ensembles A, B et C.

1° Ecris en extension les ensembles:
A, B, C, A ∪ B, A ∪ C, B ∪ C,
A ∩ B, A ∩ C, B ∩ C.

2° Compare les ensembles:
i) A ∩ (B ∪ C) et (A ∩ B) ∪ (A ∩ C)
ii) A ∪ (B ∩ C) et (A ∪ B) ∩ (A ∪ C)

3° Ecris en extension l'ensemble
A - B des éléments de A qui ne sont pas dans B

4° Ecris en extension les ensembles B - C et C - A

5° Compare les ensembles (A - B) ∪ (B - A) et A ∪ B − A ∩ B

****

3) On donne l'ensemble E = {a, b}

1° Ecris en extension l'ensemble p(E) des parties de E
2° Complète par l'un des symboles ∈, ∉, ⊂ ou ⊄ les écritures suivantes:

2

a...E   {a}...E   {a}...p(E)   {{a}}..p(E)

{b}...p(E)   E...p(E)   {{a},b}..p(E)   {φ,{a}}..p(E)

3° On définit, dans p(E) la relation R par:

«... est inclus dans l'ensemble...»

i) Ecris en extension le graphe de R.

ii) La relation R est-elle réflexive? Symétrique? Transitive? Antisymétrique ?

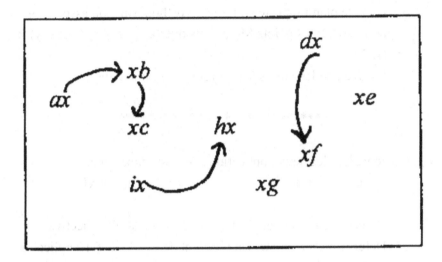

4) Voici le diagramme sagittal d'une relation R définie, dans un ensemble E, par: «... est la sœur de...».

1° Trace les flèches qui manquent sachant que E est un ensemble de filles.

2° La relation R est-elle réflexive? Symétrique? Antisymétrique? Transitive?

3° Quels sont les éléments de E qui, dans E, n'ont pas de sœur?

4° Quels sont les éléments de E qui sont membres d'une même famille?

****

5) Dans l'ensemble Z x Z, on définit une relation R par:

$$(a, b) \; R \; (c, d) \Leftrightarrow a + d = b + c$$

1° Prouve que (-7, 4) R (-5, 6)

2° Détermine x sachant que (x, -2) R (9, 11)

3° Donne trois couples (a, b) tels que: (a, b) R (2, -3)

4° Trouve le couple (a, b) tel que: (a, b) R (-3, 4) et $a + b = 13$

5° Prouve que la relation R est réflexive, symétrique et transitive.

6° Dans le plan rapporte à un repère orthonormé, on associe au point A(1,2) les points M(x,y) tels que $(x, y) \in Z \times Z$ et $(x, y) \; R$ (1, 2)

Prouve que les points M(x, y) sont des points alignés.

****

6) On considère les deux applications définies dans Z par :

$$f : x \rightarrow f(x) = 3x - 2 \qquad g : x \rightarrow g(x) = x^2$$

1° Détermine g(-3) et g(+3). L'application g est-elle bijective?

2° Détermine, s'il existe, l'antécédent de (+15) par f. L'application f est-elle bijective?

3° Donne trois éléments de Z qui n'ont pas d'antécédents par f. Même question pour g.

4° Donne trois éléments de Z qui ont d'antécédents par f. Même question pour g.

5° On considère les deux sous-ensembles de Z:
A= {-1,0, 1,2} et B = {-3, -2,-1,0,1}.
Compare $f(A \cap B)$ et $f(A) \cap f(B)$ Puis: $g(A \cap B)$ et $g(A) \cap g(B)$

****

7) Une loi de composition interne, notée *, est définie dans R par:
$$a*b = a^2 + b^2 - ab$$

1° Calcule: $(\sqrt{3} - 2 * \sqrt{3} + 2)$

2° Calcule: (2 * 3) * 4 et 2 * (3 * 4). Quelle remarque peux-tu suggérer?

3° Résous, dans R: L'équation: (x + 2) * 3 = 9

****

8) Une loi de composition, notée *, est définie dans R par:
$$a * b = ab + 2$$

1° Calcule: $(-3/7) * 1/5$ puis $(3 - 4\sqrt{12})) * (2 - \sqrt{3})$

2° Résous dans R les équations: x*(-1)=4,2*x=1, (-3) * x = 5

3° Résous dans R l'équation en x : $x * (\sqrt{3} - 1) = (3 - 4\sqrt{12}) * (2 - \sqrt{3})$

****

9) Dans l'ensemble E = R - {-2} on définit l'opération * par:
$$x * y = xy + 2x + 2y + 2$$

1° Développer: (x + 2) (y + 2)

2° Prouve que x * y ≠ - 2 pour tout x, y, ∈ E. En déduire que * est une loi de composition interne dans E.

3° Détermine: $2 * \sqrt{2}$, $(-\sqrt{3}) * \sqrt{3}$, $(\sqrt{2} - 1) * (1 - \sqrt{2})$

4° Prouve que le couple (E, *) a une structure de groupe abélien.

5° Résous dans E les équations suivantes:

    1) x * 3 = 5   2) x * x = 2

    3) x * x = -1   4) x * $\sqrt{2} = 2\sqrt{2} + 3$

(Dans ce dernier cas, écris la réponse sans radial au dénominateur).

5

****

10) Soit le naturel n = 235ab où a représenté le chiffre des dizaines et b celui des unités.

    1° On suppose, dans cette question, que a = 6.
       Détermine b pour que n soit:
       i) Divisible par 9.
       ii) Divisible par 3.
       iii) Divisible par 2.
    2° Quelles valeurs faut-il donner à a et b pour que n soit divisible à la fois par 5 et par 9?

****

11) On désigne par d le P.G.D.C. et par m le P.P.M.C. de deux naturels:
$$a = 756 \text{ et } v = 360$$

    1° Décompose a et b en produits dc facteurs premiers. Déduis-en d et m.
    2° Vérifie que: a x b = d x m.
    3° Vérifie que les quotients dc a et b par d sont premiers entre eux.
    4° Vérifie que les quotients dc m par a et par b sont premiers entre eux.

****

12) On donne a =15876 et b = 17424.

    1° Décompose a et b en produits de facteurs premiers.
    2° Déduis-en $\sqrt{a}$ et $\sqrt{b}$

****

13) 1° Décompose 1512 en produits dc facteurs premiers.

2° Trouve le plus petit entier naturel a, non nul, tel que b = (1512 x a) soit un carré parfait.

3° Déduis-en $\sqrt{b}$

****

14) On donne la décomposition en facteurs premiers de deux naturels a et b.

a = 3.5². 7 ,   b = 2². 7. 11

Donne la décomposition en facteurs premiers des nombres suivants;

3a ; 8b ; 77b ; 45a ; 70ab ; b² , a³

****

15) 1° Effectue: $(\sqrt{6} - \sqrt{5})(\sqrt{6} + \sqrt{5})$

2° Déduis-en que: $1/(\sqrt{6} + \sqrt{5}) = \sqrt{6} - \sqrt{5}$

3° Utilise cette remarque pour écrire la fraction F= $(\sqrt{6} - \sqrt{5})/(\sqrt{6} + \sqrt{5})$ sans radical au dénominateur.

****

16) On donne les réels x = $2\sqrt{13} - 6$ et y = $2\sqrt{13} + 6$. Calcule:

1° $(x + y)^2$, $x^2 + y^2$, $\sqrt{xy}$

2° x/y (Donne le résultat sans radical au dénominateur).

****

17) On considère le réel x = 5 - 3 $\sqrt{2}$.

    1° Calcule x^2.

    2° On pose y = 172 - 120 $\sqrt{2}$. Trouve une relation entre x et $\sqrt{y}$.

****

18) 1° Compare les réels 3 et 2 $\sqrt{2}$. Déduis-en le signe du réel 3- $\sqrt{2}$.

    2° On donne le réel x = $\sqrt{(3-2\sqrt{2})}$ - $\sqrt{(3+2\sqrt{2})}$

       i)   Quel est le signe de x ?

       ii) Calcule x^2. Déduis-en x.

****

19) On donne les réels a = $\sqrt{(6-3\sqrt{3})}$. et b = $\sqrt{(6+3\sqrt{3})}$ et on pose:

               A = a+ b et B = a- b

    1° Quel est le signe de A?

    2° Calcule a^2 puis b^2. Déduis-en que B est négatif.

    3° Calcule A^2 puis B^2. Déduis-en une écriture plus simple de A et B.

    4° Ecris a et b au moyen d'un seul radical.

****

20) L'unité de longueur est le centimètre.

    1° Dessine un triangle rectangle isocèle ABC ayant AB = AC = 10.

    2° En mesurant BC au moyen d'une règle, donne un encadrement de cette mesure à une unité près.

    3° En déduire que: 1,4 < $\sqrt{2}$ < 1,5.

    4° En utilisant les résultats précédents, construis un segment de longueur 5 $\sqrt{2}$.

****

21) L'unité de longueur est le centimètre.

1° Dessine un triangle équilatéral ABC de côté 20.

2° Utilise une règle pour mesurer la longueur de la hauteur [AH] et donne un encadrement de cette mesure à une unité près.

3° Déduis-en que $1,7 < \sqrt{3} < 1,8$.

****

22) L'unité de longueur est le centimètre.

1° Dessine un triangle ABC rectangle en A avec |AB| = 20, |AC| = 10.

2° En mesurant l'hypoténuse |BC| au moyen d'une règle, donne un encadrement dc cette mesure à une unité près.

3° En déduire que: $2,2 < \sqrt{5} < 2,3$.

****

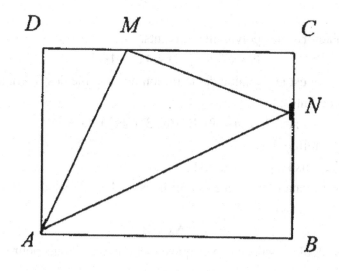

23) ABCD est un rectangle.

1° Calculé l'aire et le périmètre du triangle AMN.

2° Pour le périmètre du triangle AMN:
   Walid a trouvé $2\sqrt{5(\sqrt{2}+1)}$
   Riad a trouvé $\sqrt{10(2+\sqrt{2})}$
   La réponse de Walid est-elle exacte?
   La réponse de Riad est-elle exacte?

****

24) Soit la fraction rationnelle $F(x) = [(x^2-1)(3x-12)] / [(2x-8)(x+1)^2]$

1° Détermine le domaine de définition D de F(x).

2° Simplifie F(x).

3° Résous, dans D, les équations suivantes:

   a) $F(x) = 0$ b) $F(x) = 1$ c) $F(x) = 3/2$
   d) $F(x) = -3/2$ e) $F(x) = -\sqrt{2}$
   (Dans ce dernier cas rends rationnel le dénominateur).

****

25) 1° Factorise les polynômes suivants:

   $$P = x^2 - 9 \quad , \quad Q = 4x^2 + 4x + 1$$

2° Quel est le domaine de définition de chacune des fractions suivantes:

   $$A = (2x-6)/(x^2-9); \quad B = (6x+3)/(4x^2 + 4x + 1)$$

3° Simplifie A et B

4° Résous l'équation A = B

5° En prenant les formes simplifiées de A et B, calcule l'expression:

   $$y = Ax + B$$

6° Calcule la valeur numérique de y pour x = -2 puis pour x = -3/2

****

26) 1° Factorise l'expression: $E = 5(2x + 1)^2 - (2x + 1)(x - 1)$.
Résous l'équation $E = 0$.

2° Effectue: $5(2x + 1)^2$ puis $(2x + 1)(x - 1)$.

3° Calcule et simplifie : $F = (3x-6)/(2x^2 -x-1) -(50x+25)/(20x^2 +20x+5)$

Trouve la valeur numérique du résultat pour $x = 2$ puis pour $x = \sqrt{2}$
(Dans ce dernier cas, rends rationnel le dénominateur).

****

27) 1° Effectue, réduis et ordonne l'expression:
$$A = 2(x - 3)^2 - (x^2 -2x-3) - (3-x)(x+ 8)$$
Trouve la valeur numérique de A pour $x = 0$ puis pour $x = -1/2$

2° Factorise les expressions:
$$B = 2x^2-12x+18 \quad \text{et} \quad C = x^2-2x-3$$
Simplifie la fraction B/C

3° Résous l'équation: $2(x-3)/(x+1) = -6$

4° Résous l'équation : $2(x-3)/(x+1) = \sqrt{2}$

****

28) Soit M un point à l'intérieur d'un triangle ABC.
La droite BM coupe le côté [AC] en 1.

1° Démontre que:
$$|MC| + |MB| < |BI| + |1C|$$

2° Démontre que:
$$|BI| + |IC| < |AB| + |AC|$$

3° Déduis des questions 1) et 2) que:
$$|MB| + |MC| < |AB| + |AC|$$

4° Ecris les deux inégalités analogues qui concernent:

|MA| + |MC| et |MA| + |MB|

5° Déduis-en que:

|MA| + |MB| + |MC| < |AB| + |AC| + |BC|

****

29) Soit ABC un triangle équilatéral et A' le symétrique de A par rapport à BC. Une sécante menée de A' coupe [AB] en M et le prolongement de [AC] en N.

1°   Montre que |A'M|/|A'N| = |BM|/|BC| = |CB|/|CN|

2°   Montre que les triangles CMB et CNB sont semblables et précise leurs sommets homologues.

****

30) On considère le demi-cercle (C) de centre O de rayon R et de diamètre [AB]. Soit T un point quelconque de (C). La tangente en T à (C) coupe respectivement les perpendiculaires x'Ax et y'By à AB en E et D. On pose |AE| = m et |BD| = n, la droite EO coupe y'By en M.

1°   Montre que le triangle EDM est isocèle. Calcule les angles de ce triangle dans le cas ou AED = 60°.

2°   Calcule en fonction dc m et n les longueurs |ET| et |TD|. Démontre que: R2 = m*n.

3°   Soit F le milieu de [OE] et P le milieu de [OD]. Trouve l'ensemble des points F et P quand T varie sur le demi-cercle (C). Déduis-en l'ensemble des milieux K de [FP] et l'ensemble des milieux S de [ED] Quand T varie sur le demi-cercle (C).

****

31) On considère le triangle ABC rectangle en A et tel que |AC| < |AB|. Les cercles de diamètres respectifs [AC] et [AB] se coupent en un point D.

1° Démontre que D ∈ [BC] et que [AD] est perpendiculaire à [BC].

2° Une droite variable passant par A coupe le cercle de diamètre [AC] en E et le cercle de diamètre [AB] en F.
Démontre que les triangles EAC et AFB d'une part et ABC et EDF d'autre part sont semblables.

3° Soient I, J et O les milieux respectifs de [AC], [AB] et [BC].
   a) Quelle est la nature du quadrilatère AIOJ?
   b) Soit K le milieu de [IJ]. Montre que A, K et O sont alignés.

****

32) Dans un parallélogramme ABCD, la sécante passant par A, coupe la diagonale [BD] en E et les côtés [BC} et [CD] (ou leurs prolongements) respectivement en I et J.

1° Montre que les triangles DAE et BIE d'une part, DJE et BEA d'autre part sont semblables.
Ecris la suite des rapports égaux que l'on déduit de ces similitudes.

2° Montre que l'on a: $|AE|^2 = |EI| \cdot |EJ|$.

3° Montre que: $|BI| \times |DJ| = $ cte.

****

33) C_1 (I, a) et C_2 (j, b) sont deux cercles tangents extérieurement en C. La tangente commune en C et la tangente commune extérieure à C, et à C2 (respectivement en A et B) se coupent en M.

13

1° Montre que |AM| = |MC| - |MB|

2° a) Montre que l'angle ACB =90°.

b) Montre que le triangle IMJ est rectangle en M. Calcule |CM| en fonction de a et b. Calcule |IM| et |JM|.

3° Montre que les triangles ABC et IMJ sont semblables. Ecris la suite de leurs rapports de similitude. Calcule |AC| et |CB|.

4° Soit O le milieu de [IJ]. Montre que OM est perpendiculaire à AB.

5° Montre que |AB| est moyenne proportionnelle entre les diamètres des cercles C_1 et C_2.

6° Quelle relation doit-il exister entre a et b pour que AIC = 60°?

$$**********************************$$

34) 1° Construis le triangle ABC inscrit dans un cercle (C) dc centre O et de rayon R sachant que le cote [AB] est le côté d'une carré inscrit dans (C), que le côté [AC] est celui d'un triangle équilatéral inscrit dans (C) et que le point O est à l'intérieur du triangle ABC.

2° Calcule les angles du triangle ABC.

3° On mène la hauteur [AH]. Calcule en fonction de R: |AH| et |BC|.

$$**********************************$$

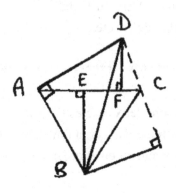

35) On considère le quadrilatère convexe ABCD tel que:

$$|AB| = |AC| = |AD| = a, B = 60° \text{ et } A = 90°.$$

(Voir la figure ci-contre).

1° Calcule la diagonale |BD|.

2° Calcule les distances |BE| et |DF| des sommets B et D respectivement à la diagonale [AC] puis calcule |EF|.

3° La perpendiculaire menée de B au prolongement du côté [DC] coupe DC en H. Calcule |BH|, |CH| et |DC|.

****

36) On considère un rectangle ABCD tel que: |AB| = 15 cm et |BC|=9 cm. Soit E un point de [AD] tel que |AE| = 4cm. La perpendiculaire mené de D a CE coupe cette dernière en H et le coté [AB] en L.

1° Montre que les triangles DEC et DLA sont semblables. Déduis-en la longueur |AL|.

2° calcule |EH| et |LC|. Quelle est la nature du triangle ELC?

3° Démontre que les quadrilatères HEAL et HLBC sont inscriptibles. Précise les diamètres de leurs cercles circonscrits.

4° Détermine l'ensemble des points H quand E varie sur le côté [AD].

****

37) Soit ABC un triangle équilatéral inscrit dans un cercle de rayon R. On joint le milieu D de l'arc AC au milieu I du côté BC par une droite qui coupe le cercle au point E.

1° Quelle est la nature du triangle DCI?

2° Calcule |DI| en fonction de R.

3° Calcule |IE| et |ED| en fonction de R.

****

38) On considère un triangle ABC inscrit dans un cercle de centre O et de rayon R. La bissectrice du secteur angulaire [AB, AC] coupe le côté [BC] en D et le cercle en E.

   1° Montre que E est le milieu de l'arc BEC.
   2° On joint E à C. Montre que la figure obtenue renferme deux triangles semblables au triangle CED. Démontre la relation |EC|² - |ED| x |EA|.
   3° On suppose que R = 6 cm et |EA| = 9 cm et que la distance de la corde |BC| au centre du cercle est 3 cm. Calcule |ED| et |AD|.

****

39) On considère le cercle de centre O et de rayon R. Soit (D) une droite extérieure au cercle et M un point quelconque de (D). De M, on trace les deux tangentes [MB] et [MC] au cercle. Soit H la projection orthogonale de O sur (D). La droite BC coupe OM et OH respectivement en E et T.

   1° Compare les triangles OET et OMH. Déduis-en une relation entre |OT|, |OE|, |OM| et |OH|.
   2° Montre que |OE|. |OM| = R².
   3° Montre que T reste fixe quand M varie sur (D).
   4° Quel est l'ensemble des points E quand M varie sur (D)?

****

40) On considère un cercle (C) dc centre O et de diamètre |AB| = 4cm. Soit L le symétrique de O par rapport à B et [ED] un diamètre variable dans le cercle (C).

1° Construis le cercle (C) passant par L, E et D.

2° (C) coupe LO une deuxième fois au point N. Montre que les triangles OND et OEL sont semblables. Ecris le rapport de similitude.

3° Montre que: |ON| x |OL| » etc. Déduis-en l'ensemble des centres O' de (C) quand ED pivote autour du point O.

4° On suppose dans ce qui suit que le diamètre [ED] est fixe tel que DOL= 60° a)Quelle est la nature des triangles OBD et OLD? Déduis-en que LD est une tangente à (C).
b) calcule |LD|.
c) Soit M le point d'intersection de la tangente B au cercle (C) avec LD. Calcule |MB|.

****

41) On considère un demi-cercle de diamètre fixe [AB]. Soit M un point variable sur ce demi-cercle.
On construit à l'extérieur du triangle le carré MBCD.

1° Montre que la diagonale [CM] coupe le demi-cercle en un point fixe I.

2° Montre que le triangle IBD est isocèle. Déduis-en l'ensemble des sommets D quand M varie.

3° La tangente en B coupe CD en E. Montre que les triangles BCE et ABM sont superposables.

4° Quel est l'ensemble des sommets C?

5° Soit N le centre du carre MBCD. Montre que le quadrilatère OBNI est inscriptible dans un cercle dont le centre est a déterminer. Quel est l'ensemble des points N.

****

42) On donne un triangle ABC inscrit dans un cercle C(O,r),
on désigne par A' le pied de la hauteur issue de A, par H
l'orthocentre, et par D le point diamétralement opposé à A sur (C).

1° Démontre que le symétrique de H par rapport à BC est un
point situé sur le cercle.

2° Démontre que: A'H2 + BH x HB' = BA' x A'C.

3° Quelle est la nature du quadrilatère BHCD? Déduis-en que
[HD] passe par le milieu de [BC].

4° Démontre que les deux triangles ABC et AHD ont même
centre de gravité (point de concours des médianes).

****

43) Soient C (O, r) et C (O', r') deux cercles sécants en A et B. Les
tangentes en A aux deux cercles recoupent (C) et (C)' en M et M'
respectivement.

1° Démontre que |AB|2 = |BM| x |BM'|

2° Démontre que [BA] est bissectrice du secteur angulaire [$\widehat{BM, BM'}$]

3° Démontre que: |AM|/|AM'| - r/r'.

****

44) La tangente en un point T d'un demi-cercle de diamètre [AB]
coupe le prolongement de ce diamètre en M, les tangentes en A et
B, en N et P respectivement. (M est du côté de A).

1° Démontre que |AN| x |BP| = r^2 (r étant le rayon du demi-cercle).

2° Les droites AN et OT se coupent en L; démontre que ML ⊥ ON.

3° On suppose que |AM| = r; démontre que le triangle ANM est
demi- équilatéral et calcule l'aire du quadrilatère ANPB en
fonction de r.

****

45) Soient M un point d'un demi-cercle de diamètre [BC], et H la projection orthogonale de M sur ce diamètre.

1° Démontre que: $|MH| \times |MO| = 1/2\ |MB| \times |MC|$

2° I est le milieu de MC; Démontre que OIM et MHC sont semblables.

3° La parallèle à OM menée du point B rencontre la droite MC au point N. Quel est l'ensemble des points N lorsque M varie?

****

46) - Soit ABCD un carré inscrit dans un cercle C(0,R).

1° Calcule en fonction r la longueur du côté du carré celle de l'arc $\overarc{[AB]}$, et l'aire du domaine limité par $\overarc{[AB]}$ et [AB].

2° E $\in$ [AD] et F $\in$ $\overarc{[CD]}$ tels que $\overarc{DE}$ = $\overarc{DF}$, BE et BF coupent AD en M et N respectivement. Démontre que $\widehat{ABN} = \widehat{AMB}$ et que: $AM.AN = AB^2$

3° Démontre que AB est tangent en B au cercle circonscrit au triangle BMN.

4° Lorsque M décrit [AD], à quel ensemble appartient le centre du cercle de la question précédente?

****

47) Soient C(O, r) un cercle. [AB] un diamètre et M un point de (C); N est le symétrique de A par rapport à M, BN recoupe le cercle en C.

1° Quelle est la nature du triangle ABN ? Déduis-en l'ensemble des points N lorsque M varie.

2° Démontre que $\overarc{MC}$ = $\overarc{AM}$ et MC = MA = MN.

19

3° Démontre que les deux triangles AOM ct NMC sont semblables et que |AM| est moyenne proportionnelle entre |NC| et |AO|.

4° Calcule |AM| en fonction de r sachant que: |AM| = 2|CN|; quel est le rapport des mesures des aires des triangles AOM et NMC ?

****

48) On donne un triangle ABC inscrit dans un cercle C(O,r), la bissectrice du secteur angulaire $[\widehat{AB, AC}]$ rencontre BC en D et le cercle (C) en E.

1° Démontre que les deux triangles DEC et DBA sont semblables et écris le rapport de similitude.

2° Démontre que les deux triangles DEC et CEA sont semblables et déduis-en que: $EC^2 = ED.EA$

3° Démontre que [EC] est tangent au cercle circonscrit au triangle ADC.

****

49) Soient A, B et C trois points alignés pris dans cet ordre. (C) le cercle de centre O et de diamètre [AB] et (C') le cercle de centre O' et de diamètre [AC]. La tangente menée par le point C au cercle (C) rencontre ce cercle en T, le cercle (C) en E et la tangente commune en D.

1° Démontre que [AT] est la bissectrice du secteur angulaire [AC, AE], et que OT est la médiatrice de [BF]; (F étant le point où AE coupe (C)).

2° Démontre que les deux triangles CBT et CTA sont semblables.

Si M est le milieu de [AT] et N le milieu de [BT], démontre que les deux triangles CTM et CBN sont aussi semblables.

3° Soit L le point ou DB recoupe (C), Démontre que: DL.DB = DE.DC

4° Démontre que le quadrilatère ELBC est inscriptible.

****

50) On donne un segment [AB]; [Ax) et [By) sont les perpendiculaires à AB situées dans le même demi-plan limité par AB.

On prend M ∈ [Ax) et N ∈ [By) tels que AM. BN = AB^2

1° Démontre que les deux triangles MAB et ABN sont semblables.

2° Démontre que AN et BM sont perpendiculaires, et détermine l'ensemble des points H d'intersection de AN et BM.

3° Démontre que la tangente en H au demi-cercle de diamètre [AB] passe par les milieux de [AM] et [BN] (I milieu de [AM] et J milieu de [BN]).

****

51) On donne un triangle ABC tel que |AB|+|BC| - 2 |AC|, et le cercle C(l, r) inscrit dans ce triangle.

1° Calcule le périmètre 2p de ce triangle en fonction de |AC|.

2° Calcule l'aire de chacun des triangles AIB, BIC et CIA en fonction de r et de la mesure d'un côté du triangle ABC. Déduis-en l'aire du triangle ABC en fonction de r et de p.

3° [BH] est la hauteur relative a [AC] du triangle ABC. Trouve une nouvelle écriture de l'aire du triangle ABC, et Démontre que r = |BH|/3.

4° Si G est le centre de gravité de ABC, Démontre que IG est parallèle au côté [AC].

****

52) Soient C(0, r) un cercle de diamètre [AB] et M un point de ce cercle.
On prolonge la corde [AM] d'une longueur |MP| = |AM|.

1° Démontre que le cercle C (B, 2r) passe par P.
2° Soient Q la projection orthogonale de P sur AB et E le point où AB recoupe (C). Démontre que BM, PQ et AE se rencontrent en un même point S, et que le triangle ASP est isocèle.
3° Démontre que: SQ x SP = SE x SA = SB x SM.
4° xPy est la tangente en P au cercle C (B, 2r), Démontre que [PA) est la bissectrice du secteur angulaire $[\widehat{PQ, PX}]$.

****

53) Soient [Ox) et [Oy) deux demi-droites perpendiculaires; A est un point de [Ox) tel que |OA| = a; un cercle variable (C) tangent en A a [Ox) rencontre [Oy) en B et C.

1° Quel est l'ensemble des points I, centres des cercles tangents en a a [Ox) ?
2° B' est le symétrique de B par rapport à [Ox), Démontre que le triangle B'AC est rectangle, et que OB. OC = a^2.
3° D est le point diamétralement opposé à A ; quelle est la nature du quadrilatère ADCB' ?
4° Démontre que |AB| x |AC| = |AO| x |AD| et que $1/|AB|^2 + 1/|AC|^2$ reste constante lorsque le cercle (C) varie.

****

54) Soient [AA'], [BB'] et [CC] les hauteurs d'un triangle ABC inscrit dans un cercle C(O, r). (H étant l'orthocentre).

1° Démontre que le symétrie de H par rapport a BC est situé sur le cercle (C).

2° Démontre que la tangente en A au cercle est parallèle a B'C'. Déduis-en que OA ⊥ B'C.

3° Démontre que les deux triangles ABC et AB'C' sont semblables.

4° Si I est le symétrique de O par rapport à BC, Démontre que le quadrilatère IBOC est un losange et que IB et IC sont respectivement perpendiculaires à A'B' et A'C.

****

55) <u>Sujet proposé par le CRDP</u>

I- Soient les relations R_1 R_2, R_3, R_4, R_5, définies par leurs diagrammes sagittaux suivants:

1° Déterminer, parmi ces relations, celles qui sont des applications. Justifie la réponse.

2° Quelles sont parmi ces applications celles qui sont bijectives Justifier les réponses.

3° Y a-t-il, parmi les relations données, une fonction qui n'est pas une application de A dans B? Dire laquelle et justifier.

II - 1° m et x étant deux réels, mettre sous la forme d'un produit de facteurs du premier degré en x, l'expression: $mx^2 - x + mx - 1$.

2° Simplifier l'expression: $(mx^2 - x + mx - 1)/(x+1)$ où $x \neq -1$.

3° Résoudre, pour m=2, l'équation suivante: $(mx^2 - x + mx - 1)/(x+1) = x$.

III - Dans un plan rapporté à un système d'axes rectangulaires (x'Ox, y'Oy), on considère les points A(2;l) et B(l;3) et la droite D d'équation y = x - 1.

   1° Tracer la droite D en précisant ses points d'intersection avec les axes de coordonnées.

   2° Déterminer les coordonnées du point M milieu du segment [AB].

   3° Ecrire l'équation de la droite D' passant par M ct parallèle à D.

IV - On donne deux cercle C_1 et C_2, de centres respectifs O_1 et O_2, tangents extérieurement en un point A. Une droite quelconque passant par A recoupe C_1 en B_1 et C_2 en B_2.

   1° Montrer que les droites $(O_1 B_1)$ et $(O_2 B_2)$ sont parallèles.

   2° Soit M_1 un point quelconque de C_1 distinct de A et de B_1. On mène par B_2 la parallèle à (B_1, M_1) qui coupe le cercle C_2 en M_2.

      a) Montrer que les triangles $O_1B_1M_1$ et $O_2B_2M_2$ sont semblables.

      b) Montrer que les points M_1, A, M_2 sont alignés.

****

56) Suiet propose par le CRDP

I - On considère les ensembles: A = {a, b, {x, 3}, 4} et B = {a, 4, x}. Ecrire, en extension, l'ensemble A∩B et l'ensemble A∪B.

II - Rendre rationnel le dénominateur de l'expression
$E = (4 + \sqrt{12}) / (7 - \sqrt{3})$ et simplifier la réponse obtenue.

III - Déterminer deux nombres x et y proportionnels a 3 et 5, et dont la somme est égale à 40.

IV - On considère deux cercles C_1 et C_2, de centres respectifs C_1 et C_2, de même rayon R et sécants en A et B. Une droite variable passant par A recoupe C_1 en M et C_2 en N.

1° Montrer que le triangle MBN est isocèle.

2° Trouver l'ensemble (le lieu géométrique) des points I milieux de [MN].

V - On considère un triangle ABC rectangle en A, et le cercle C de diamètre [AB]. Soit xy la droite passant par les points A et C.

1° quelle est position de droite xy par rapport au cercle c ? Justifier la réponse.

2° Le côté [BC] recoupe le cercle C en un point H. Quelle est la nature du triangle AHB? Justifier la réponse.

3° Calculer la longueur du segment [AH] sachant que la longueur de [AB] est 6cm, et celle de [AC] est 3cm. Simplifier la réponse.

VI- Dans un système d'axes rectangulaires (x'Ox, y'Oy), on considère les points A(l; 5) et B(-l; 1) et la droite D d'équation: $y = 2x + 1$.

1° Placer les points A et B, et calculer les coordonnées du milieu M de [AB].

2° Tracer la droite D et déterminer ses points d'intersection avec les axes de coordonnées.

3° Ecrire l'équation de la droite (AB), et démontrer qu'elle est parallèle à la droite D.

****

57) <u>Sujet propose par le CRDP</u>

I - Soient, dans l''ensemble E = {a, b, c, d}, les relations R_1, R_2, R_3, définies par les diagrammes suivants:

   1° Déterminer, parmi ces relations, celles qui sont réflexives. Justifier.

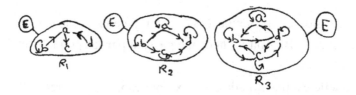

   2° Déterminer, parmi ces relations, celles qui sont transitives. Justifier.

   3° Déterminer, parmi ces relations, celles qui sont symétriques. Justifier.

   4° Y-a-t-il, parmi ces relations, une relation d'équivalence? Si oui, dire laquelle et justifier la réponse.

II - Résoudre le système d'équations

$$\begin{cases} \sqrt{2}.x + 2y = 4 \\ x - 2\sqrt{2}\,y = -\sqrt{2} \end{cases}$$

III - 1° x étant un réel positif, mettre sous la forme d'un produit de deux facteurs, l'expression

$$E = x\sqrt{x} + 2x - \sqrt{x} - 2$$

   2° x étant un rationnel positif, rendre rationnel le dénominateur de l'expression

$F = (x+3\sqrt{x}+2)/(\sqrt{x}+1)$, et simplifier la réponse obtenue.

IV - On considère les expressions: $A(x) = (3 - x)^2 - (x - 3)(7x + 4) - 18 + 2x^2$,

$B(x) - (3x + 2)^2 - (x - 1)^2$, $C(X) = x^2 + 4x - 5$.

1° Ecrire $A(x)$, $B(x)$, $C(x)$ sous forme de produits de facteurs du premier degré en x.

2° Résoudre les équations: $A(x) \times B(x) = 0$; $A(x) = B(x)$.

V - On donne un demi-cercle C de centre O et de diamètre [AB], et M un point de C. La tangente en M à C coupe les tangentes en A et B à ce demi-cercle aux points A' et B' respectivement.

1° Montrer que le triangle A'OB' est rectangle.

2° Soit «r» la mesure du rayon de C, «a» la mesure du segment [AA'], «b» la mesure du segment [BB']. Montrer que $a \times b = r^2$.

Solutions

1- 1°- A = {1,2,3,6,9}

B = {1,2,3,5,7,9}

2°- A∩B = {1,3,9}

A∪B = {1,2,3,5,6,7,9}

$\complement_E^A$ = {5,7,8,12}

$\complement_E^B$ = {2,6,8,12}

3°- $\dfrac{\complement_E^{A\cup B} = \{8,12\}}{\complement_E^A \cap \complement_E^B = \{8,12\}}\Bigg\}\ \complement_E^{A\cup B} = \complement_E^A \cup \complement_E^B$

4°- A∩B = {1,3,9}

$\complement_E^{A\cup B}$ = {8,12}

$\complement_E^{A\cap B}$ = {2,6}

$\complement_E^{A\cap B}$ = {5,7}

Comme les 4 ensembles sont des intersections vide 2 à 2 et
Comme leur réunion égal E donc forme une partition de E

****

2- 1°- A = {1,2,3,5, a}
  B = {2,3,7,b}
  C = {3,5,6,7}

  A$\cup$B = {1,2,3,5,6,7,a,b}
  A$\cup$C = {1,2,3,5,6,7,a}
  B$\cup$C = {2,3,5,6,7,b}
  A$\cap$B = {2,3,}
  A$\cap$B = {3,5}
  B$\cap$C = {3,7}

2°- a) $\dfrac{A\cap(B\cup C) = A\cap(\{2,3,5,6,7,b\}) = \{2,3,5\}}{A\cap B \cup (A\cap C) = \{2,3\} \cup \{3,5\} = \{2,3,5\}}\Big\}$ sont égaux

  b) De même façon A$\cup$ (A$\cap$B) = (A$\cup$B) $\cap$ (A$\cup$C)

3°- A – B = {1,5,a} = $\complement_A^B$

4°- B – C = {2,b}
  C - A = {6,7}

5°- B – A = {7,b}
  $\Rightarrow (A-B)\cup(B-A) = \{1,5,7,a,b\}$
  $A\cup B - A\cap B = \{1,5,7,a,b\}$ $\Big\}$ sont égaux

****

3- 1°- P(E) = {$\varnothing$, {a}, {b}, {a,b}}

2°- a $\in$E {a} $\not\subset$ E {a} $\in$ P(E) {{a}} $\not\subset$ P(E)
  {b} $\in$ P (E) E $\in$ P(E) {{a}, b} $\not\subset$ P(E)

3°- R ⟺ « … est inclus dans l'ensemble … »

   a- $G_R = \{(\varnothing, \{a\}), (\varnothing,\{b\}), (\varnothing,\{a,b\}),(\{a,b\}),(\{b\},\{a,b\})\}$

   b- R réflexive

       Non symétrique

       Transitive

       Antisymétrique

****

4- 1°-

2°- R réflexive

    R Symétrique

    R Non symétrique

    R Transitive

3°- $\{e,g\}$

4°- $\{\{a,b,c\},\{f,d\},\{i,h\}\}$

****

5- $(a,b) R (c,d) \Leftrightarrow a + d = b + c$

1°- $(-7,4) R (-5,6)$??

$-7 + 6 = -1 = 4-5 \Leftrightarrow (-7,4) R (-5,6)$

2°- $(x,-2) R (-5,6) \Leftrightarrow x + 6 = -2 - 5 \Leftrightarrow x = -13$

3°- $(a,b) R (2,3) \Leftrightarrow a - 3 = b + 2 \Leftrightarrow a - b = 5$

$\Rightarrow \{(5, 0), (6, 1), (7, 2)\} \in Z \times Z$

4° $(a, b) R (-3, 4) \Leftrightarrow a + 4 = b - 3 \Leftrightarrow a - b = -7$ or $a + b = 13$

$\Rightarrow \{ \begin{array}{l} a-b-7 \\ a+b = 13 \end{array}$ (+)

$\Rightarrow 2a = 6 \Rightarrow a = 3 \Rightarrow b = +10 \Rightarrow)3, 10)$

5° $* a + b = a + b \Leftrightarrow (a, b) R (a, b) \Rightarrow R$ refl.

$* a + d = b + c \Leftrightarrow b + c = a + d \Leftrightarrow R$ sym.

$* (a, b) R (c, d)$ et (and) $(c, d) R (e, f) \Rightarrow (a, b) R (e, f)$

$\Rightarrow a + d = b + c$ et $c + f = d + e$

$\Rightarrow a - b = c - d$ et $c - d = e - f$

$\Rightarrow a - b = e - f \Rightarrow a + f = e + b \Rightarrow (a, b) R (e, f)$

6° $A(1, 2)$

$(x, y) \in Z^2$

$(x, y) R (1, 2)$

$(x, y) R (1, 2) \Rightarrow x + 2 = y + 1 \Rightarrow y = x + 1$ (éq. d'une droite)

****

6- $Z \xrightarrow{f} Z$ $\qquad\qquad$ $Z \xrightarrow{g} Z$

$x \rightarrow f(x) = 3x - 2$ $\qquad$ $x \rightarrow g(x) = x^2$

1° $g(-3) = (-3)^2 = 9$

$g(+3) = (3)^2 = 9$

$-3 \neq +3 \Rightarrow g(-3) = g(3) \Rightarrow g$ non inje. $\Rightarrow g$ non bijective

2° $f(x) = 15 \Rightarrow 3x - 2 = 15 \Rightarrow 3x = 17 \Rightarrow x = \frac{17}{3} \notin \mathbb{Z}$

Donc f n'est pas surjective car $15 \in \mathbb{Z}$ et $f(x) \notin \mathbb{Z}$

Donc f n'est pas bijective

3° Pour f : 3, 5, 8

Pour g : -3, -7, -1

4° Pour f : 1, 4, 7

Pour g : 4, 9, 16

5° $A \cap B = \{-1, 0, 1\}$

$f(A \cap B) = f\{-1, 0, 1\} = \{-5, -2, 1\}$

$f(A) = \{-5, -2, 1, 4\}$

$f(B) = \{-11, -8, -5, -2, 1\}$

$f(A) \cap f(B) = \{-5, -2, 1\}$

$f(A \cap B) = f(A) \cap f(B)$

****

7- $a * b = a^2 + b^2 - ab = (a - b)^2 + ab$

1° $(\sqrt{3} - 2) * (\sqrt{3} + 2) = (-4)^2 + 3 - 4 = 16 - 7 = 15$

2° $(2 * 3) * 4 = [(-1)^2 + 6] * 4 = 7 * 4 = 3^2 + 28 = 9 + 28 = 37$

$2 * (3 * 4) = 2 * [(-1)^2 + 12] = 2 * 13 = (-11)^2 + 26 = 121 + 26 = 147$

Comme $(2 * 3) * 4 \neq 2 * (3 * 4)$ donc * n'est pas associative.

3° $(x + 2) * 3 = 9$

$\Rightarrow (x + 2 - 3)^2 + 3(x + 2) = 9$

$\Rightarrow (x - 1)^2 + 3x + 6 = 9$

$\Rightarrow (x - 1)^2 = 3x - 3 = 0$

$\Rightarrow (x - 1)^2 + 3(x - 1) = 0$

$\Rightarrow (x - 1)[x - 1 + 3] = 0$

$\Rightarrow (x - 1)(x + 2) = 0 \Rightarrow x = 1 \text{ or } x = -2$

****

8- $a * b = a b + 2$

1° $(-\dfrac{3}{7}) * \dfrac{1}{5} = \dfrac{-3}{35} + 2 = \dfrac{-3 + 70}{35} = \dfrac{67}{35}$

$(3 - 4\sqrt{12}) * (2 - \sqrt{3}) = (3 - 8\sqrt{3}) * (2 - \sqrt{3})$
$= 6 - 3\sqrt{3} - 16\sqrt{3} + 24 + 2 = 32 - 19\sqrt{3}$

2° $x * (-1) = 4 \Rightarrow - x + 2 = 4 \Rightarrow x = -2$
$2 * x = 1 \Rightarrow 2x + 2 = 1 \Rightarrow x = -\dfrac{1}{2}$
$(-3) * x = 5 \Rightarrow -3x + 2 = 5 \Rightarrow x = -1$

3° $* (\sqrt{3} - 1) = (3 - 4\sqrt{12}) * (2 - \sqrt{3})$
$\Rightarrow x\sqrt{3} - x + 2 = 32 - 19\sqrt{3}$
$\Rightarrow x(\sqrt{3} - 1) = 30 - 19\sqrt{3}$

$\Rightarrow x = \dfrac{30 - 19\sqrt{3}}{\sqrt{3} - 1}$

****

9- $E = R - \{-2\}$
$x * y = xy + 2x + 2y + 2$

1° $(x + 2)(y + 2) = xy + 2x + 2y + 4$

2° $x * y \neq - 2$
$x * y = xy + 2x + 2y + 2$
supposons $x * y = -2 \Rightarrow xy + 2x + 2y + 2 = -2$
$\Rightarrow xy + 2x + 2y + 4 = 0$
$\Rightarrow x(y + 2) + 2(y + 2) = 0$
$\Rightarrow (y + 2)(x + 2) = 0 \Rightarrow x = -2$ impossible car $x \in E = R - \{-2\}$
Or $y = -2$ impossible car $y \in E$ $(y \neq 2)$
$\forall x, y \in E \Rightarrow x * y \neq -2 \in E$ donc $*$ L.D.I.

3° $2 * \sqrt{2} = 2\sqrt{2} + 4 + 2\sqrt{2} + 2 = 4\sqrt{2} + 6$

$(-\sqrt{3}) * \sqrt{3} = -3 - 2\sqrt{3} + 2\sqrt{3} + 2 = -1$

$(\sqrt{2} - 1) * (1 - \sqrt{2}) = -(1 - \sqrt{2})^2 + 2\sqrt{2} - 2 + 2 - 2\sqrt{2} + 2$

$= -1 + 2\sqrt{2} - 2 + 2\sqrt{2} - 2 + 2 - 2\sqrt{2} + 2$

$= 2\sqrt{2} - 1$

4° * est L.D.I

* est commutative car x * y = xy + 2x + 2y + 2 = yx + 2y + 2x + 2 = y + x

* admet un élément neutre x * e = x $\Rightarrow$ xe + 2x + 2^e + 2 = x

$\Rightarrow$ xe + x + 2^e + 2 = 0

$\Rightarrow$ x(e+1) + 2(e+1) = 0

$\Rightarrow$ (e + 1) (x + 2) = 0   x + 2 ≠ 0 car x ∈ E $\Rightarrow$ e = -1

* Symétrique

x + x' = e = -1 $\Rightarrow$ xx' + 2x + 2x' + 2 = -1

$\Rightarrow$ xx' + 2x + 2x' + 3 = 0

$\Rightarrow$ x(x' + 2) = -3 -2x' $\Rightarrow$ x= $\dfrac{-3 - 2x}{x' + 2}$ $\exists$ car

x' + 2 ≠ 0 (x' ∈ E)

donc (E, *) est un groupe abélien.

5° 1)   x * 3 = 5 $\Rightarrow$ 3x + 2x + 6 + 2 = 5 $\Rightarrow$ x = $\dfrac{-3}{5}$

2)   x * x = 2 $\Rightarrow$ x² + 2x + 2x + 2 = 2 $\Rightarrow$ x² + 4x = 0

$\Rightarrow$ x (x + 4) = 0

$\Rightarrow$ x = 0 ou x = -4

3)   x * x = -1 $\Rightarrow$ x² + 4x + 2 = -1 $\Rightarrow$ x² + 4x + 3 = 0

$\Rightarrow$ x² + 4x + 4 - 1 = 0 $\Rightarrow$ (x + 2)² - 1 = 0 $\Rightarrow$ (x + 2 - 1)(x + 2 + 1) = 0

$\Rightarrow$ x= -1 ou x= -3

4)   x * $\sqrt{2}$ = 2$\sqrt{2}$ + 3 $\Rightarrow$ x $\sqrt{2}$ + 2x + 2$\sqrt{2}$ + 2 = 2$\sqrt{2}$ + 3

$\Rightarrow$ x$\sqrt{2}$ + 2x - 1 = 0

$\Rightarrow$ x($\sqrt{2}$ +2) = 1 $\Rightarrow$ x = $\dfrac{1}{\sqrt{2} + 2}$ = $-\dfrac{\sqrt{2} + 2}{2}$

****

10- n= $\overline{235ab}$

    1°   a= 6 $\Rightarrow$ n = $\overline{2356b}$

       a)   n divisible par 9 $\Leftrightarrow$ 2 + 3 + 5 + 6 + b = 9k (ou k $\in$ IN*)

      $\Rightarrow$ 16 + b = 9k

      $\Rightarrow$ b= 2(k = 1 pour cette valeur car b formé d'une seule chiffre).

       b   n divisible par 3 $\Rightarrow$ 16 + b = 3k

$$\Rightarrow \begin{cases} b = 5 \\ b = 2 \\ b = 8 \end{cases} \text{car} \begin{cases} 21 \\ 18 \\ 24 \end{cases} \text{est divisible par 3}$$

       c)   n divisible par 2 $\Rightarrow$ b pair $\Rightarrow$ on peut prend b= 0, 2, 4, 6, 8.

    2°   Pour que n divisible par 5 il faut que b soit 0 ou 5

$$\Rightarrow n = \begin{cases} 2\,3\,5\,a\,o \\ ou \\ 2\,3\,5\,a\,5 \end{cases}$$

Pour que n divisible par 9 $\Rightarrow \begin{cases} 10 + a \equiv 0 [9] \ a = 8 \\ ou \\ 15 + a \equiv 0 [9] \ a = 3 \end{cases}$

****

11- d   P.G.D.C.

   m   P.P.M.C

      a= 756 et b= 360

1°

756	2
378	2
189	3
63	3
21	3
7	7
1	1

$756 = 2^2 \times 3^3 \times 7$

360	2
180	2
90	2
45	3
15	3
5	5
1	1

$360 = 2^3 \times 3^2 \times 5$

$\Rightarrow d= 2^2 \times 3^2 = 36$

$M = 2^3 \times 3^2 \times 7 \times 5 = 7560$

2° $a \times b = 272160 = 36 \times 7560 = m \times d$

3° $\left.\begin{array}{l} \dfrac{a}{b} = 21 \\[2mm] \dfrac{b}{d} = 10 \end{array}\right\}$ $\begin{array}{l|l} 21 & 3 \\ 7 & 7 \\ 1 & 1 \end{array}$ $\begin{array}{l|l} 10 & 2 \\ 5 & 5 \\ 1 & 1 \end{array}$ $\Rightarrow$d le 21 et 10 $= 1$

$\Rightarrow 21$ et 10 sont premiers entre eux

4° $\left.\begin{array}{l} \dfrac{m}{a} = 10 \\[2mm] \dfrac{m}{b} = 21 \end{array}\right\}$ d'après 3°) 21 et 10 sont premier entre eux

****

12- a= 15876 et b= 17424

   1° $15876= 2 \times 2 \times 3 \times 3 \times 3 \times 3 \times 7 \times 7 = 2^2 \times 3^4 \times 7^2$

       $17424= 2 \times 2 \times 2 \times 2 \times 3 \times 3 \times 11 \times 11 = 2^4 \times 3^2 \times 11^2$

   2° $\sqrt{15876} = 2 \times 9 \times 7 = 126$

       $\sqrt{17424} = 4 \times 3 \times 11 = 132$

****

13- 1° $1512 = 2 \times 2 \times 2 \times 3 \times 3 \times 3 \times 7 = 2^3 \times 3^3 \times 7$

   2° $b = (1512 \times a)$

      $\Rightarrow 1512 \times a \; C^2$

      $\Rightarrow C = \sqrt{1512xa} = \sqrt{2^3 x 3^3 x 7} = 6\sqrt{6x7xa}$

      $\Rightarrow a = 6 \times 7 = 42$

3° $\quad \sqrt{b} = \sqrt{1512xa} = \sqrt{1512x42} = \sqrt{6^2 x 7^2} = 6 \; x6 \; x7 = 252$

****

14- $a = 3.5^2.7$ $\qquad$, $\quad b = 2^2.7.11$

$\quad 3a = 3^2.5^2.7$ $\qquad$, $\quad b^2 = 2^4.7^2.11^2$

$\quad 8b = 2^5.7.11$ $\qquad$, $\quad a^3 = 3^3.5^6.7^3$

$77b \Rightarrow$
$$\begin{array}{c|c} 77 & 7 \\ 11 & 11 \\ 1 & \end{array}$$
$\Rightarrow 77b = 7.11.2^2.7.11 = 2^2.7^2.11^2$

$45a$ or $45 = 3^2.5 \Rightarrow 45a = 3^3.5^3.7$

$70ab \Rightarrow 70 = 2.5.7 \Rightarrow 70 \; ab \qquad = 2.5.7.3.5^2.7.2^2.7.11$
$$2^2.5^3.7^3.3.11$$

****

15- 1° $\left(\sqrt{6}-\sqrt{5}\right)\left(\sqrt{6}+\sqrt{5}\right)=\left(\sqrt{6}\right)^2-\left(\sqrt{5}\right)^2=6-5=1$

$\quad 2^{\circ}$ D'après 1° $\left(\sqrt{6}-\sqrt{5}\right)\left(\sqrt{6}+\sqrt{5}\right)=1\left(\sqrt{6}\right)-\left(\sqrt{5}\right)=\dfrac{1}{\sqrt{6}+\sqrt{5}}$

$\quad 3^{\circ}$ $\quad F=\dfrac{\sqrt{6}-\sqrt{5}}{\sqrt{6}+\sqrt{5}}=\sqrt{6}-\sqrt{5}.\dfrac{1}{\sqrt{6}+\sqrt{5}}=\left(\sqrt{6}-\sqrt{5}\right)\left(\sqrt{6}-\sqrt{5}\right)=(\sqrt{6}-\sqrt{5})^2$

****

16- $x = 2\sqrt{13} - 6$ et $y = 2\sqrt{13} + 6$

$\quad 1^{\circ} (x + y)^2 \qquad = (4\sqrt{13})^2 = 208$

$\quad x^2 + y^2 \qquad = (x+y)^2 - 2 \, x \, y = 208 - 2\,(2\sqrt{13} - 6)\,(2\sqrt{13}+6)$

$\qquad\qquad\qquad = 208 - 2\,(-36 + 52)$

$\qquad\qquad\qquad = + 176$

$$\sqrt{xy} = \sqrt{\dfrac{(x+y)^2 - (x^2+y^2)}{2}} = \sqrt{\dfrac{3^2}{2}} = 4$$

$2°$ $\quad \dfrac{x}{y} = \dfrac{2\sqrt{13}-6}{2\sqrt{13}+6} = \dfrac{(2\sqrt{13}-6)^2}{16}$

****

17- $x = 5 - 3\sqrt{2}$

$1°$ $\quad x^2 = 25 + 18 - 30\sqrt{2} = 43 - 30\sqrt{2}$

$2°$ $\quad y = 172 - 120\sqrt{2} = 4(43 - 30\sqrt{2}) = 4x^2$

$\Rightarrow \pm\sqrt{y} = 2x \quad \sqrt{y} = 2x$ car $x > 0$

****

18- 3 et $2\sqrt{2}$ elévons au carré on obtient

$1°$ $\quad -9 \overset{et}{\underset{\leftrightarrow}{}} 8$

Or $9 > 8 \Rightarrow \sqrt{9} > \sqrt{8} \Rightarrow 3 > 2\sqrt{2}$

$\Rightarrow 3 - 2\sqrt{2} > 0$

$2°$ $\quad -x = \sqrt{3 - 2\sqrt{2}} - \sqrt{3 + 2\sqrt{2}}$

a) $\quad 3 - 2\sqrt{2} < 3 + 2\sqrt{2} \Rightarrow \sqrt{3 - 2\sqrt{2}} < \sqrt{3 + 2\sqrt{2}}$

$\Rightarrow \sqrt{3 - 2\sqrt{2}} - \sqrt{3 + 2\sqrt{2}} < 0 \Rightarrow x < 0$

b) $\quad x^2 = 3 - 2\sqrt{2} + 3 + 2\sqrt{2} - 2\sqrt{9 - 8} = 4$

$\Rightarrow x = \pm 2$ mais $x < 0 \Rightarrow x = -2$

****

19- $a = \sqrt{6 - 3\sqrt{3}}$ et $b = \sqrt{6 + 3\sqrt{3}}$, $A = a + b$ et $B = a - b$

$1°$ 1ère méthode :

On a $6 \leq 6 \Rightarrow 6 - 3\sqrt{3} < 6 \Rightarrow 6 - 3\sqrt{3} < 6 + 3\sqrt{3}$

$\Rightarrow \sqrt{6 - 3\sqrt{3}} < \sqrt{6 + 3\sqrt{3}} \Rightarrow a < b \Rightarrow 2a < a + b$

$\Rightarrow a + b > 2a > 0 \Rightarrow A > 0$

2ème méthode:

$a = \sqrt{6 - 3\sqrt{3}} > 0$ et $b = \sqrt{6 + 3\sqrt{3}} > 0 \Rightarrow a + b > 0 \Rightarrow A > 0$

2° $\quad a^2 = 6 - 3\sqrt{3}$ et $b^2 = 6 + 3\sqrt{3}$

$\Rightarrow a^2 - b^2 = -6\sqrt{3} \Rightarrow (a-b)(a+b) = -6\sqrt{3}$

$\Rightarrow B \cdot A = -6\sqrt{3} < 0$ or $A > 0 \Rightarrow B < 0$

3° $\quad A^2 = (a + b)^2 = a^2 + b^2 + 2ab = 6 - 3\sqrt{3} + 6 + 3\sqrt{3} + 2\sqrt{36 - 27}$

$\quad = 12 + 6 = 18 \Rightarrow A = \pm\sqrt{18} = 3\sqrt{2}$ (car $A > 0$)

$$B^2 = \frac{(a^2 - b^2)^2}{(a+b)^2} = \frac{(a^2 - b^2)^2}{A^2} = \frac{(6 - 3\sqrt{3} - 6 - 3\sqrt{3})^2}{18} = \frac{(-6\sqrt{3})^2}{18} = \frac{36.3}{18} = 6$$

$\Rightarrow B = \pm\sqrt{6}$ or $B < 0 \Rightarrow B = -\sqrt{6}$

4° $\quad A + B = 2a \Rightarrow a = \dfrac{A + B}{2} = \dfrac{3\sqrt{2} - \sqrt{6}}{2}$

et $A - B = 2b \Rightarrow b = \dfrac{3\sqrt{2} - \sqrt{6}}{2}$

****

20- 1° ABC isocèle triangle, AB = AC = 10 cm

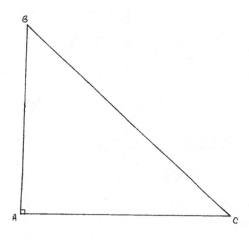

2° $14 < BC < 14,1421... < 15 \Rightarrow$ à une unité près $14.0 \le 14.1 <$ 15.0 ou $14 < 10\sqrt{2} < 15(*)$

3°   d'après 2° $14 < 10\sqrt{2} < 15$

$$\Rightarrow \frac{14}{10} < \frac{10\sqrt{2}}{10} < \frac{15}{10}$$

$$\Rightarrow 1,4 < \sqrt{2} < 1,5$$

4°   d'après 3° $1,4 < \sqrt{2} < 1,5$

$$\Rightarrow 5 \cdot 1,4 < 5\sqrt{2} < 5.1,5$$

$$\Rightarrow 7 < 5\sqrt{2} < 7,5$$

(*) d'après Pythagore $(BC^2 = AB^2 + AC^2 = 100 + 100 = 200 \Rightarrow BC = 10\sqrt{2})$

****

21- 1°   on prend l'unité de longueur 2 centimètres à cause de l'espace

$\Rightarrow AB = AC = BC = 10$ cm

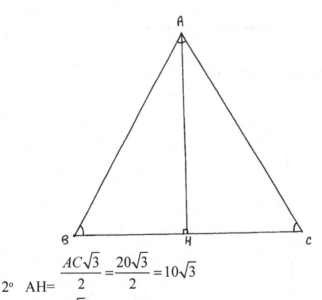

2°   AH= $\dfrac{AC\sqrt{3}}{2} = \dfrac{20\sqrt{3}}{2} = 10\sqrt{3}$

$17 < 10\sqrt{3} < 18$

3° d'après 2° $17 < 10\sqrt{3} < 18$

$\Rightarrow 1,7 < \sqrt{3} < 1,8$

****

22- 1°

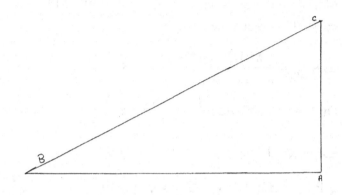

2° BC = $10\sqrt{5}$ (22,4 à une unité près)

$22 < 10\sqrt{5} < 23$

3° $2,2 < \sqrt{5} < 2,3$

****

23-

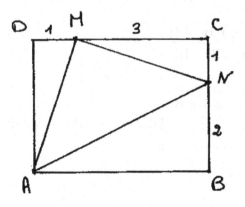

1° D'après Pythagore

$MA^2 = DM^2 + DA^2 = 1^2 + 3^2 = 10$

$\Rightarrow MA = \sqrt{10}$

De même $MN = \sqrt{10}$

Et $AN = \sqrt{20} = 2\sqrt{5}$

Mais on remarque que $AN^2 = 20 = 10 + 10 = MA^2 + MN^2$

$\Rightarrow A\widehat{M}N$ is rectangle triangle

$$\Rightarrow S_{AMN} = \frac{MA.MN}{2} = \frac{\sqrt{10}.\sqrt{10}}{2} = 5$$

Ou d'autre méthode : $S_{A\widehat{M}N} = S_{ABCD} - S_{A\widehat{D}M} - S_{M\widehat{C}N} - S_{A\widehat{B}N}$

$$\Rightarrow S_{A\widehat{M}N} = 12 - \frac{3}{2} - \frac{3}{2} - 4 = 12 - 7 = 5$$

$$2\,P_{A\widehat{M}N} = AM + MN + AN + = \sqrt{10} + \sqrt{10} + 2\sqrt{10} + 2\sqrt{5}$$

2° d'après 1° $2P = 2\sqrt{10} + 2\sqrt{5} = 2\sqrt{5.2} + 2\sqrt{5}.\sqrt{2} + 2\sqrt{5}$

$\Rightarrow 2P = 2\sqrt{5}\left(\sqrt{5} + 1\right) \Rightarrow$ Walid have exact ans (oui)

De même $2P = 2\sqrt{10} + 2\sqrt{5} = 2\sqrt{10} + 2\sqrt{\dfrac{5.2}{5}} = 2\sqrt{10} + 2\dfrac{\sqrt{10}}{\sqrt{2}}$

$\qquad = 2\sqrt{10} + \sqrt{2}.\sqrt{10} = \sqrt{10}\left(2 + \sqrt{2}\right)$ Riad est true(vrai)

****

24- $f(x) = \dfrac{(x^2 - 1)(3x - 12)}{(2x - 8)(x + 1)^2}$

1° $2x - 8 \neq 0 \Rightarrow x \neq 4)$

et $\qquad\qquad\qquad\qquad\quad D = R - \{-1,\ 4\} = \ ]-\infty, -1[\cup]-1,\ 4[\cup]4, +\infty[$

$(x + 1)^2 \neq 0 \Rightarrow x \neq -1$

2° $\quad$ f(x)= $\dfrac{(x-1)(x+1)3(x-4)}{2(x-4)(x+1)^2} = \dfrac{3(x-1)}{2(x+1)}$ avec x ∈ D

3° $\quad$ Pour x ∈ D ⇒ f(x) = $\dfrac{3(x-1)}{2(x+1)}$

a) $\quad$ f(x)= 0 ⇒ $\dfrac{3(x-1)}{2(x+1)}$ = 0 or x ∈ D ⇒ x + 1 = 0 ⇒ x = 1 ∈ D

b) $\quad$ $\dfrac{3(x-1)}{2(x+1)}$ = 1 ⇒ 3(x-1) = 2(x+1) ⇒ 3x − 3 − 2x − 1 = 0

$\quad\quad$ ⇒ x = 4 ∉ D ⇒ f(x) ≠ 1 ∀ x ∈ D.

c) $\quad$ $\dfrac{3(x-1)}{2(x+1)} = \dfrac{3}{2}$ ⇒ x − 1 = x + 1 ⇒ -1 = 1 impossible

$\quad\quad$ ⇒ f(x) ≠ $\dfrac{3}{2}$ ∀ x ∈ D.

d) $\quad$ $\dfrac{3(x-1)}{2(x+1)} = -\dfrac{3}{2}$ ⇒ x − 1 = -x − 1 ⇒ 2x = 0 ⇒ x = 0

e) $\quad$ f(x)= -$\sqrt{2}$ ⇒ $\dfrac{3(x-1)}{2(x+1)}$ = -$\sqrt{2}$ ⇒ 3x − 3 = -2-$\sqrt{2}$ x - 2-$\sqrt{2}$

$\quad\quad$ ⇒x(3+2-$\sqrt{2}$)=3-2-$\sqrt{2}$⇒x=$\dfrac{3-2\sqrt{2}}{3+2\sqrt{2}} = \dfrac{9+8-12\sqrt{2}}{9-8}$=17-12-$\sqrt{2}$

****

25- 1° $\quad$ P= x^2 − 9 = (x-3)(x+3)

$\quad\quad$ Q = $4x^2$ + 4x + 1 = 4(x^2 + x + ¼) = 4(x + ½)^2 = (2x +1)^2

2° $\quad$ A= $\dfrac{2x-6}{x^2-9}$ ⇒ (x-3)(x+3)= 0 ⇒ x ≠ -3 et x ≠ 3

$\quad\quad$ B= $\dfrac{6x+3}{4x^2+4x+1}$ ⇒ 4(x+ ½)^2 ≠ 0 ⇒ x ≠ - ½

3° $\quad$ A= $\dfrac{2(x-3)}{(x-3)(x+3)} = \dfrac{2}{x+3}$; B= $\dfrac{3(2x+1)}{4(\frac{2x+1}{2})^2} = \dfrac{3(2x+1)}{(2x+1)^2} = \dfrac{3}{2x+1}$

4° $A = B \Rightarrow \dfrac{2}{x+3} = \dfrac{3}{2x+1} \Rightarrow 4x + 2 = 3x + 9 \Rightarrow x = 7$

5° $y = Ax + B \Rightarrow y = \dfrac{2x}{x+3} + \dfrac{3}{2x+1}$

6° *) x = -2

$\Rightarrow y = \dfrac{-4}{1} + \dfrac{3}{-3} = -4 - 1 = -5$

*) $x = \dfrac{-3}{2} \Rightarrow y = \dfrac{-3}{-\dfrac{3}{2}+3} + \dfrac{3}{-3+1} = -\dfrac{7}{2}$

****

26- 1° $E = 5(2x +1)^2 - (2x +1)(x-1)$

$\Rightarrow E = (2x + 1) [5 (2x \ 1) - x + 1]$

$\Rightarrow E = (2x + 1) (9x + 6)$

$E = 0 \Rightarrow x = -\frac{1}{2}$ ou $x = -2/3$

2° $5(2x+1)^2 = 5(4x^2 + 4x + 1) = 20x^2 + 20x + 5$

$(2x +1)(x -1) = 2x^2 - 2x + x - 1 = 2x^2 - x - 1$

3° $F(x) = \dfrac{3x - 6}{2x^2 - x - 1} - \dfrac{50x + 25}{20x^2 + 20x + 5}$

$= \dfrac{3(x-2)(2x+1)^2 .5 - 25(2x+1)(2x+1)(x-1)}{5(2x+1)^3 (x-1)}$

$\Rightarrow F(x) = \dfrac{15(x-2) - 25(x-1)}{5(2x+1)(x-1)} = \dfrac{3(x-2) - 5(x-1)}{2x+1)(x-1)}$

$\Rightarrow F(x) = \dfrac{-2x - 1}{(2x+1)(x-1)} = \dfrac{-1}{x-1}$

$x = 2 \Rightarrow F_{(2)} = \dfrac{-1}{2-1} = -1$

$F(\sqrt{2}) = \dfrac{-1}{\sqrt{2}-1} = \dfrac{-\sqrt{2}-1}{1} - \sqrt{2} - 1$

****

27- 1°A = $2(x^2 - 6x + 9) - (x^2 - 2x - 3) - (3x + 24 - x^2 - 8x)$

    = $2x^2 - 12x + 18 - x^2 + 2x + 3 - 3x - 24 + x^2 + 8x$

    = $2x^2 - 5x - 5$

    Pour x = 0 $\Rightarrow$ A = -5

    x = - ½ $\Rightarrow$ A = $2 \cdot \dfrac{1}{4} + \dfrac{5}{2} - 5 = \dfrac{1}{2} + \dfrac{5}{2} - 5 = -2$

2°   B= $2x^2 - 12x + 18 = 2(x^2 - 6x + 9) = 2(x-3)^2$

    C= $x^2 - 2x - 3 = x^2 - 2x + 1 - 4 = (x - 1)^2 - 4 = (x+1)(x - 3)$

$\dfrac{B}{C} = \dfrac{2(x-3)^2}{(x+1)(x-3)} = \dfrac{2(x-3)}{x+1}$ if and only if x ≠ 3

3° $\dfrac{2(x-3)}{x+1} = -6 \Rightarrow \dfrac{x-3}{x+1} = -3 \Rightarrow x - 3 = -3x - 3$

    $\Rightarrow 4x = 0 \Rightarrow x = 0$ car $4 \neq 0$

4° $\dfrac{2(x-3)}{x+1} = \sqrt{2} \Rightarrow 2x - 6 = x\sqrt{2} + \sqrt{2}$

    $\Rightarrow x(2 - \sqrt{2}) = 6 + \sqrt{2} \Rightarrow x = \dfrac{6+\sqrt{2}}{2-\sqrt{2}} = \dfrac{(6+\sqrt{2})(2+\sqrt{2})}{2}$

****

28-

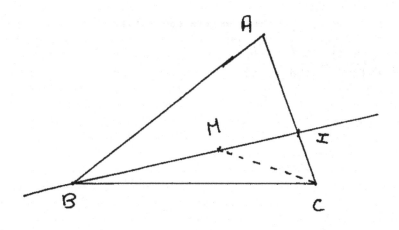

1° $|MC|+|MB|<|BI|+|IC|$
On a $|BI|+|IC|=|BM|+|MI|+|IC|$
Or $|MI|+|IC|>|MC|$ (d'après l'inégalité dans un Δ)
$\Rightarrow |BI|+|IC|>|BM|+|MC|$ $|MB|+|MC|<|BI|+|IC|$

2° $|BI|+|IC|<|AB|+|AC|$
$|AB|+|AC|=|AB|+|AI|+|IC|>|BI|+|IC|$ (d'après l'inégalité dans un Δ)
$\Rightarrow |BI|+|IC|<|AB|+|AC|$

3° d'après 1°) $|MC|+|MB|<|BI|+|IC|$
D'après 2°) $|BI|+|IC|<|AB|+|AC|$ est comme "C" est transitive.
$\Rightarrow |MC|+|MB|<|AB|+|AC|$ (1)

4° $|MA|+|MC|<|BA|+|BC|$ (2)
$|MA|+|MB|<|CA|+|CB|$ (3)

5° On ajoute les 3 inégalités (1) + (2) + (3)
$\Rightarrow 2(|MA|+|MB|+|MC|<2(|AB|+|AC|+|BC|)$
$\Rightarrow |MA|+|MB|+|MC|<|AB|+|AC|+|BC|$
(car $2 \geq 0$)

$$************************$$

29- 1° $\dfrac{|A'M|}{|A'N|}=\dfrac{|BM|}{|CB|}=\dfrac{|CB|}{|CN|}$

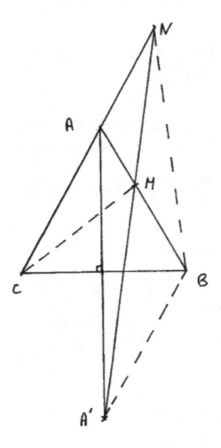

The 2 Δ A'BM and MAN are similar because:

$\widehat{A'BA} = 120° = \widehat{BAN}$ (car $\widehat{CAB} = 60° \Rightarrow \widehat{MAN} = 180° - 60°$ $= 120°$ et A' symétrie de A)

$\widehat{BMA'} = \widehat{NMA}$ (opposé par le sommet)

$\Rightarrow \left. \begin{array}{c} \widehat{BMA'} \\ \widehat{AMN} \end{array} \right\} \Rightarrow \dfrac{|BM|}{|AM|} = \dfrac{|BA'|}{|AN|} = \dfrac{|MA'|}{|MN|}$

$\Rightarrow \dfrac{|AM|}{|BM|} = \dfrac{|AN|}{|BA'|} = \dfrac{|MN|}{|MA'|} \quad \dfrac{|AM|}{|BM|} + 1 = \dfrac{|AN|}{|BA'|} + 1 = \dfrac{|MN|}{|MA'|} + 1$

$\Rightarrow \dfrac{|AM| + |BM|}{|BM|} = \dfrac{|AN| + |BA'|}{|BA'|} = \dfrac{|MN| + |MA'|}{|MA'|}$

$$\Rightarrow \frac{|AB|}{|BM|} = \frac{|NC|}{|BC|} = \frac{|A'N|}{|MA'|}$$

(Avec $|BA'| = |AC|$ car A'BAC est un losange
Puisque AB = AC et AA'⊥ BC et se coupe on leur milieu).

$$\Rightarrow \frac{|BM|}{|CB|} = \frac{|BC|}{|NC|} = \frac{|A'M|}{|A'N|} \quad car |AB| = |AC| = |BC| \, puisque \, ABC \; équil$$

2° $\widehat{CMA}$ et $\widehat{CNB}$ semble

On a $\left.\begin{array}{l} N\widehat{C}B = 60^o \\ M\widehat{B}C = 60^o \end{array}\right\} N\widehat{C}B = M\widehat{B}C$

Et d'après 1°) on a $\dfrac{|CB|}{|CN|} = \dfrac{|BM|}{|BC|}$

$$\Rightarrow \left.\begin{array}{l} C\widehat{B}N \\ B\widehat{M}C \end{array}\right\} \begin{array}{l} \widehat{C} = \widehat{B} \\ \widehat{B} = \widehat{M} \\ \widehat{N} = \widehat{C} \end{array}$$

****

30-

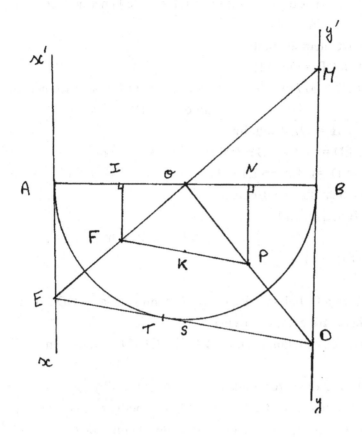

1°   on a DM // EA

$\Rightarrow D\widehat{M}E = M\widehat{E}A$ (alter-intern)

or ET tg au (c) on T $\Big\}$ $\Rightarrow |ET| = |EA|$

et EA tg au (c) on A $\Big/$ donc $O\widehat{E}A = O\widehat{T}E = 90°$

et OT = OA = R $\Rightarrow$ EO bissectrice de

$A\widehat{E}T \Rightarrow A\widehat{E}O = O\widehat{E}T$

avec $A\widehat{E}O = E\widehat{M}B \Rightarrow D\widehat{E}M = D\widehat{M}E$

par suite $M\widehat{D}E$ est isocèle de sommet principal D

si $A\widehat{E}D = 60° \Rightarrow M\widehat{E}D = \dfrac{A\widehat{E}D}{2} = 30 = E\widehat{M}D$

$\Rightarrow E\widehat{D}M = 120°$

2° *) ET = EA déjà démontré $\Rightarrow$ ET = m de la même façon DT = DB $\Rightarrow$ DT = n.

Autre méthode pour TD :

On a OB = OA = R

$\widehat{OAE} = \widehat{MBO} = 90°$ $\Big\}$ $\Rightarrow$ $\widehat{OEA}$ et $\widehat{OBM}$ sont isométrique par suite AE = BM

$\widehat{OMB} = \widehat{OEA}$ (alt. int)

or ED = DM = DB + BM = DB + AE = n + m

$\Rightarrow$ ED = n + m $\Rightarrow$ ET + TD = n + m $\Rightarrow$ TD = n + m – m = n

ou bien d'une autre manière

DB tg à (c) on B $\Big\}$ $\Rightarrow$ DT = DB = n

DT tg à (c) on T

*) On a OD bissectrice de $\widehat{BDT}$ comme déjà $\Rightarrow$ OD $\perp$ OE (bissectrice int. extérieur)

$\Rightarrow$ $\widehat{EOD}$ rectangle en O $\Rightarrow$ OT^2 = ET.TD $\Rightarrow$ R^2 = m.n

3° On a le $\widehat{OAE}$ rectangle on A, F milieu de l'hypoténuse OE $\Rightarrow$ FA = FE = FO avec O, A fixe $\Rightarrow$ FE à la médiatrice de AO ou plus précisément, F $\in$ à la médiatrice de AO mais de côté de $\overset{\frown}{ATB}$, de la même façon P $\in$ à la médiatrice OD. Soit I, N les pieds de la médiatrice issue à OA, OB respectives par suite ces 2 médiatrices passe par F et P. On remarque que FINP est un trapèze et que O milieu de IN, K milieu de FP $\Rightarrow$ KO // FI // PN or O fixe $\Rightarrow$ K $\in$ à la médiatrice de IN de la même manière on démontre que S $\in$ à la médiatrice de AB.

****

31-

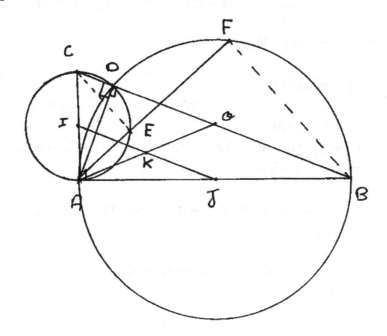

1°   On a $\widehat{ADB}$ rectangle on D car inscri. Dans le demicercle de diamètre AB de même $\widehat{ADC}$ rectangle on A car int. Dans le demi-cercle de diamètre AC.

$\Rightarrow \widehat{BDC} = \widehat{BDA} + \widehat{ADC} = 90° + 90° = 180°$

$\Rightarrow$ D $\in$ [BC] et AD $\perp$ BC

2°   *) $\widehat{EAC}$ et $\widehat{AFB}$ sont semblables car $\widehat{AEC} = 90° = \widehat{AFB}$ de plus $\widehat{FBA} = \dfrac{\overparen{AF}}{2}$

et $\widehat{CAE} = \widehat{CAF} = \dfrac{\overparen{AF}}{2}$ (car [(A] tg) $\Rightarrow \widehat{EAC}$ et $\widehat{AFB}$ sont semblables.

*) $\widehat{ABC}$ et $\widehat{DF}$, on $\widehat{CBA} = \dfrac{\overparen{AD}}{2} = \widehat{DFA}$ de plus CE $\perp$ AF

$\Rightarrow \widehat{CEF} = 90°$

et $\widehat{CAD} = \widehat{CED}$ (car CAED inscriptible)

$$C\widehat{A}D = \frac{\widehat{AD}}{2} = A\widehat{F}D \Rightarrow C\widehat{E}F = 90^o \Rightarrow E\widehat{O}F = C\widehat{A}B$$
or
$$\Rightarrow A\widehat{B}C \text{ et } E\widehat{D}F \text{ sont semblables.}$$

3° a) I milieu de AC

O milieu de BC

$$IO \text{ // } AB \text{ et } |IO| = \frac{|AB|}{2} = |AJ|$$

de même OJ // AC et $|OJ| = |AI|$ $\Rightarrow$ IOJA est un rectangle. K milieu de IJ $\Rightarrow$

b) K milieu de la 2ème diagonale qui est AO $\Rightarrow$ A, K, O sont alignés.

****

32-

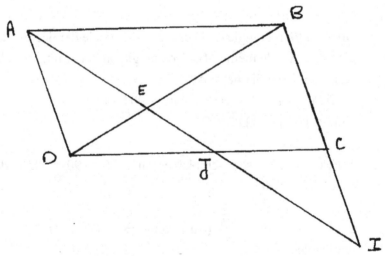

1° $D\widehat{E}A = B\widehat{E}I$ (opp. Par le sommet)

DA // BI

$\Rightarrow D\widehat{A}E = E\widehat{I}B$ (alt. int.)

$\Rightarrow D\widehat{A}E$ et $B\widehat{E}I$ sont semblables de la même façon on démontre que $A\widehat{E}B$ et $D\widehat{E}J$ sont semblables.

*) $\left.\begin{array}{c} D\widehat{A}E \\ B\widehat{I}E \end{array}\right\} \Rightarrow \dfrac{DE}{BE} = \dfrac{DA}{BI} = \dfrac{AE}{IE}$ (a)

*) $\left.\begin{array}{c} B\widehat{E}A \\ D\widehat{E}J \end{array}\right\} \Rightarrow \dfrac{|BA|}{|DJ|} = \dfrac{|BE|}{|DE|} = \dfrac{|EA|}{|EJ|}$ (b)

2° $|AE|^2 = |EI| \cdot |EJ|$

D'après 1°) (a) on a $\dfrac{|DE|}{|BE|} = \dfrac{|AE|}{|EI|} \Rightarrow \dfrac{|BE|}{|DE|} = \dfrac{|EI|}{|AE|} \Rightarrow$

D'après 1°) (b) on a $\dfrac{|BE|}{|DE|} = \dfrac{|EA|}{|EJ|} \Rightarrow \dfrac{|EA|}{|EJ|} = \dfrac{|EI|}{|AE|} \Rightarrow$

$$|AE|^2 = |EI| \cdot |EJ|$$

3° d'après 1°) On déduit que $|BI| \cdot |DJ| =$ DA.BA = cte (indépendant de I et J)

****

33-

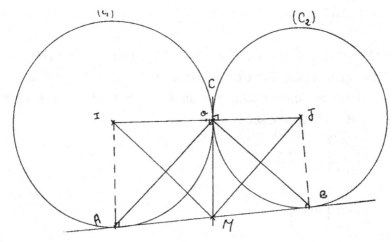

1° $\left.\begin{array}{l} MB \ tg \ a \ (C_2) \\ MC \ tg \ a \ (C_2) \end{array}\right\} \Rightarrow |MB| = |MC|$

$\left.\begin{array}{l} MB \ tg \ a \ (C_1) \\ MC \ tg \ a \ (C_1) \end{array}\right\} \Rightarrow |MA| = |MC|$

$\Rightarrow |MA| = |MB| = |MC|$

2° a) d'après 1°) $|MB| = |MC| \Rightarrow M\widehat{B}C$ triangle isocèle
$\Rightarrow M\widehat{B}C = M\widehat{C}B$
De même $M\widehat{A}C = M\widehat{C}B$ or $B\widehat{A}C + A\widehat{C}B + C\widehat{B}A = 180^o$
$\Rightarrow A\widehat{C}M + A\widehat{C}B + B\widehat{C}M = 180^o \Rightarrow 2A\widehat{C}B = 180^o$
$ACB = 90^o \Rightarrow$
$A\widehat{C}B$ rectangle ou bien on peut dire d'après 1° MB = MA
$\Rightarrow$ CM médiane de plus
MB = MA = MC $A\widehat{C}B$ = 90°

2° b) On a JC = JB = R = b et JC $\perp$ MC, JB $\perp$ MB $\Rightarrow$
JM bissectrice de $B\widehat{M}C$ de la même manière on démontre
que IM bissectrice de $A\widehat{M}C$ donc IM $\perp$ JM car bissectrice
intérieur et bissectrice extérieur sont $\perp \Rightarrow I\widehat{M}J$ = 90° $\Rightarrow$
$I\widehat{M}J$ rectangle on M. CM $\perp$ IJ car CM tg et $I\widehat{M}J$ rectangle
$\Rightarrow |MC|^2 = |CI| . |CJ|$ = a . b

3° On a IC $\perp$ MC car MC tg et IA $\perp$ MA car MA tg $\Rightarrow$ IAMC est
un quadrilatère inscriptible par suite $\Rightarrow C\widehat{I}M = C\widehat{A}M$ de la
même manière on démontre que $C\widehat{J}M = C\widehat{B}M$ donc les 2 Δ
ABC et IMJ sont semblables.
$\left.\begin{array}{l} A\widehat{B}C \\ I\widehat{J}M \end{array}\right\} \dfrac{|AB|}{|IJ|} = \dfrac{|AC|}{|IM|} = \dfrac{|BC|}{|JM|}$

*) $|AC| = \dfrac{|AB| . |IM|}{|IJ|}$

or $IM^2 = MC^2 + CI^2 = ab + a^2 = a(b+a)$

et $IJ = a + b$, $AB = 2MC = 2\sqrt{a.b}$

$$\Rightarrow |AC| = \frac{2\sqrt{a.b} \cdot \sqrt{(a+b)a}}{a+b} = \frac{2\sqrt{a.b} \cdot \sqrt{(a+b)a}}{a+b}$$

$|BC| = \dfrac{|AB| \cdot |JM|}{|IJ|}$ de même $JM^2 = MC^2 + CJ^2 =$

$ab + b^2 = b(a+b) \Rightarrow |BC| = \dfrac{2\sqrt{a.b} \cdot \sqrt{b(a+b)}}{a+b}$

4° $\left. \begin{array}{l} IA \perp AB \\ \\ JB \perp AB \end{array} \right\}$ $\Rightarrow$ IJBA trapèze or o milieu de IJ et u milieu de AB

$\Rightarrow$ OM // IA // JB et

$$OM = \frac{IA + JB}{2} \Rightarrow OM \perp AB$$

5° pour que soit moyenne proportionnelle entre les diamètres de C_1 et C_2

Il faut $\dfrac{|AB|}{|dc_1|} = \dfrac{|dc_2|}{|AB|}$ or $AB = 2\sqrt{ab}$ et $d(c_1) = 2a$, $d(c_2) = 2b$

$$\Rightarrow \frac{2\sqrt{ab}}{2a} = \frac{2b}{2\sqrt{ab}}$$ donc AB moy. Pro.

6° Si $A\hat{I}C = 60° \Rightarrow$ le $A\hat{I}C$ sera équilatéral $\Rightarrow$

$IC = AC = a \Rightarrow$ d'après 3°)

$$|AC| = \frac{2\sqrt{a.b} \cdot \sqrt{(a+b)a}}{a+b} = a\, 2\sqrt{b(a+b)} = a + b\ 4b = a + b$$

$\Rightarrow a = 3b$

****

34-

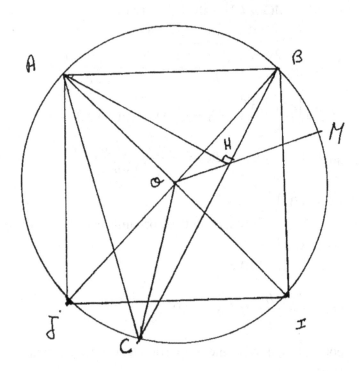

1°   On construis ABIJ le carré, le centre du cercle inscrit est le
     point d'intersection de diagonale puis avec le rapporteur on
     prend avec la côté OA un angle de 120° qui coupe (C) on c
     puis de nouveau avec oc on prend un angle de 120° qui coupe
     (C) en u par suite $\widehat{AMC}$ est équilatéral est ABIJ est un carré
     et O ∈ à l'intérieur de $\widehat{ABC}$.

2°   On a $\widehat{OAB}$ = 45° (diagonale dans un carré) est bissectrice)
     et $\widehat{OAC}$ = 30° (car OA= OC = R et $\widehat{OAC}$ = 120°)
     $\Rightarrow \widehat{CAB}$ = 30° + 45° = 75°
     On a $\widehat{AOB}$ = 90° $\Rightarrow \widehat{AB}$ = 90°

     $\Rightarrow \widehat{ACB} = \dfrac{\widehat{AB}}{2} = 45°$

     $\Rightarrow \widehat{CBA}$ = 180 – 75° – 45° = 60°

3° On a AB= $R\sqrt{2}$ car ABIJ carré inscrit (c) de centre O et OA = R

Or $\left.\begin{array}{l} A\widehat{H}B = 90° \\ H\widehat{B}A = 60° \end{array}\right\}$ $\Rightarrow H\widehat{A}B = 30° \Rightarrow A\widehat{H}B$ demi équilatéral

$$\Rightarrow AH = \frac{AB\sqrt{3}}{2} = \frac{R\sqrt{6}}{2} \text{ et } HB = \frac{AB}{2} = \frac{R\sqrt{2}}{2}$$

De même on a

$\left.\begin{array}{l} A\widehat{H}C = 90° \\ \\ H\widehat{C}A = 45° \end{array}\right\}$ $\Rightarrow H\widehat{A}C = 45° \Rightarrow HA = HC \Rightarrow$

$$HC = \frac{R\sqrt{6}}{2} \Rightarrow$$

$$BC = \frac{R\sqrt{6}}{2} + \frac{R\sqrt{2}}{2} = \frac{R}{2}(\sqrt{6} + \sqrt{2})$$

****

35- 1° Par hypothèse on a $|AD| = |AB|$ et AD $\perp$ AB $\Rightarrow$

$B\widehat{A}D$ rectangle isocèle $\Rightarrow |BD|^2 = |AD^2| + |AB^2| = $

$2|AD|^2 = 2|AB|^2 = 2a^2 \Rightarrow |BD| = a\sqrt{2}$

2° Par hypothèse $|AB| = |AC|$ et $A\widehat{B}C = 60° \Rightarrow A\widehat{B}C$ isocèle et

$B\widehat{C}A = 60°$

$$\Rightarrow A\widehat{B}C \text{ équilatéral} \Rightarrow |BE| = \frac{|AB|\sqrt{3}}{2} = \frac{|AC|\sqrt{3}}{2} = \frac{|BC|\sqrt{3}}{2} = \frac{a\sqrt{3}}{2}$$

On a $C\widehat{A}D = 90° - B\widehat{A}C = 90° - 60° = 30°$

Et $D\widehat{F}A = 90° \Rightarrow D\widehat{A}F$ est demi équilatéral

$$\Rightarrow |DF| = \frac{|AD|}{2} = \frac{a}{2} \text{ et } |AF| = \frac{AD\sqrt{3}}{2} = \frac{a\sqrt{3}}{2}$$

De même $|AE| = \frac{AB}{2} = \frac{a}{2}$ $|EF| = |AF| - |AE| = $

$$\frac{a\sqrt{3} - a}{2} = \frac{a(\sqrt{3} - 1)}{2}$$

3° $C\widehat{A}D = 90° - B\widehat{A}C = 90° - 60° = 30°$

Et $|AC| = |AD| \Rightarrow C\widehat{A}D$ isocèle $\Rightarrow A\widehat{D}C = D\widehat{C}A$

$= \dfrac{180° - 30°}{2} = 75° \Rightarrow B\widehat{C}H = 180° - A\widehat{C}D - B\widehat{C}A =$

$180° - 75° - 60° = 45°$

Et $C\widehat{H}B = 90° \Rightarrow C\widehat{B}H = 45° \Rightarrow C\widehat{H}B$ rectangle isocèle

$\Rightarrow BH^2 + CH^2 = BC^2 = a^2 \Rightarrow 2BH^2 = a^2 \Rightarrow BH^2 = \dfrac{a^2}{2} \Rightarrow$

$|BH| = \dfrac{a\sqrt{2}}{2} = |CH|$

$\Rightarrow DH^2 = BD^2 - BH^2 = 2a^2 - \dfrac{a^2}{2} = \dfrac{3}{2} a^2$

$\Rightarrow$ $|DH| = a\sqrt{\dfrac{3}{2}}$ $|DC| = DH - HC = \dfrac{a\sqrt{3}}{\sqrt{2}} - \dfrac{a\sqrt{2}}{2}$

$\Rightarrow$ $|DC| = a(\dfrac{\sqrt{3} - 1}{\sqrt{2}})$

****

36-

1° $\widehat{LAD} = 90°$

et $\widehat{EDC} = 90°$ et $\widehat{ECD} = \widehat{ADL}$ car

$\widehat{ECD} + \widehat{CDH} + \widehat{CDA} \Rightarrow$

$\widehat{ECD} = \widehat{CDA}$ parsuite $\widehat{LAD}$ et $\widehat{ECD}$ sont semblables.

Le rapport de similitude est

$$\left.\begin{array}{c} \widehat{LAD} \\ \widehat{EDC} \end{array}\right\} \Rightarrow \frac{|LA|}{|ED|} = \frac{|LD|}{|EC|} = \frac{|AD|}{|DC|} \quad |AL| = \frac{|ED| \cdot |AD|}{|DC|} = \frac{(|AD| - |AE|)|AD|}{|DC|}$$

$$\Rightarrow |AL| = \frac{(9-4) \cdot 9}{15} = \frac{5 \cdot 9}{15} = \frac{5 \cdot 3 \cdot 3}{5 \cdot 3} = 3 \text{ cm}$$

2° *) $\widehat{EDC}$ rectangle et DH hauteur

$EC^2 = ED^2 + DC^2 = 5^2 + 15^2 = 5^2 + 5^2 \cdot 3^2 = 5^2(1+3^2)$

$= 25(10) = 250 = 5^2 \cdot 10$

$\Rightarrow EC = 5\sqrt{10}$ *cm* et $DE^2 = EH \cdot EC = EH \cdot 5\sqrt{10}$

$$\Rightarrow 5^2 = EH \cdot 5\sqrt{10} \Rightarrow EH = \frac{5\sqrt{10}}{10} = \frac{\sqrt{10}}{2} cm$$

*) $LC^2 = LB^2 + BC^2 = (AB - AL)^2 + BC^2 = (15 - 3)^2 + 9^2 = 3^2 \cdot 4^2 + 3^4$

$\Rightarrow LC^2 = 3^2(16 + 9) = 3^2 \cdot 5^2 \Rightarrow LC = 15$ cm

Et $EL^2 = AE^2 + AL^2 = 4^2 + 3^2 = 25 \Rightarrow EL = 5$cm

On remarque que $EC^2 = EL^2 + LC^2 \Rightarrow \widehat{ELC}$ rectangle on L.

3° $\widehat{EHL} = 90°$ et $\widehat{EAC} = 90° \Rightarrow$ EHLA inscriptible de diamètre EL de même diamètre $\widehat{LHC} = \widehat{CBL} = 90° \Rightarrow$ HLBC inscriptible de diamètre LC.

4° On a $\widehat{DHC} = 90°$, D et C fixes $\Rightarrow$ H varie sur le demi-cercle de diamètre DC.

****

37-

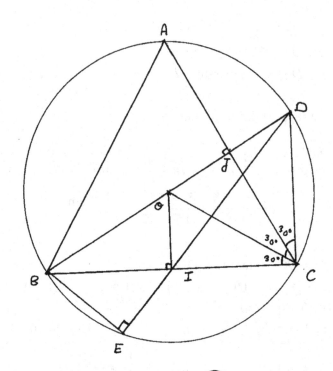

1° Dmilieudel'arc $\overset{\frown}{AC} \Rightarrow \overset{\frown}{AD} = \overset{\frown}{DC} = \dfrac{\overset{\frown}{AC}}{2} = A\widehat{B}C = 60°(A\widehat{B}C$ équil.$)$

Or $\quad A\widehat{C}D = \dfrac{\overset{\frown}{AD}}{2} = \dfrac{60°}{2} = 30°$

$\Rightarrow D\widehat{C}I = D\widehat{C}A + A\widehat{C}I = 30° + 60°\ 90°$

$\Rightarrow I\widehat{C}D$ triangle rectangle

2° On a I milieu de BC $\Rightarrow$ OI mediane or

OB = OC = R $\Rightarrow$ OI hauteur, bissectrice, ..

$\Rightarrow O\widehat{I}C = 90°$ et $B\widehat{O}C = 120°$

$\Rightarrow I\widehat{O}C = 60°$ et (OI bissectrice)

$\Rightarrow$ le triangle $I\widehat{O}C$ demi équilatéral $\Rightarrow$

$|OI| = \dfrac{|OC|}{|2|} = \dfrac{R}{2}$ et $|IC| = \dfrac{OC\sqrt{3}}{2}$

Avec $= \dfrac{\overset{\frown}{ABC}}{2} = \dfrac{240}{2} = 120°$ et $D\widehat{C}A = 30° \Rightarrow$

$D\widehat{A}C = 30° \Rightarrow A\widehat{D}C$ isocèle soit J le milieu de
AC $\Rightarrow$ DJ hauteur, bissectrice... $\Rightarrow$ J$\widehat{D}$C = 60° $\Rightarrow$

Le triangle JBC demi équilatéral avec JC = IC = $\dfrac{R\sqrt{3}}{2}$
Car CA = CB (A$\widehat{B}$C équilatéral) $\Rightarrow$

$JC = \dfrac{DC\sqrt{3}}{2} = \dfrac{R\sqrt{3}}{2} \Rightarrow DC = R (\Rightarrow O\widehat{D}C$ équilatèral $\Rightarrow$ DC = OD = R

ou bien OD = OC R et OCD = 60°)

Enfin ID² = DC² + IC² = R² + $\dfrac{3R^2}{4} = \dfrac{7R^2}{4} \Rightarrow$ ID = $\dfrac{R\sqrt{7}}{2}$

3° On remarque que BD est un diamètre $\Rightarrow B\widehat{E}D$ = 90°
$\Rightarrow$ Les 2 triangles $B\widehat{I}E$ et $D\widehat{I}C$ sont semblablent car $B\widehat{I}E = D\widehat{I}C$ (opposé par le sommet) et $B\widehat{E}I = I\widehat{C}D$ = 90°

Par suite $\dfrac{|BI|}{|DI|} = \dfrac{|IE|}{|IC|} = \dfrac{|BE|}{|DC|} \Rightarrow |IE| = \dfrac{|BI|.\,|IC|}{|DI|} = \dfrac{\dfrac{R\sqrt{3}}{2} \cdot \dfrac{R\sqrt{3}}{2}}{\dfrac{R\sqrt{7}}{2}} = $

$\dfrac{\dfrac{3R^2}{4}}{\dfrac{R\sqrt{7}}{2}} = \dfrac{3R}{2\sqrt{7}} = \dfrac{3R\sqrt{7}}{14} \Rightarrow\ = |ED| = |EI| + |ID|$

$\dfrac{3R\sqrt{7}}{14} + \dfrac{R\sqrt{7}}{2} = \dfrac{10R\sqrt{7}}{14} = \dfrac{5}{7} R\sqrt{7}$

****

38-

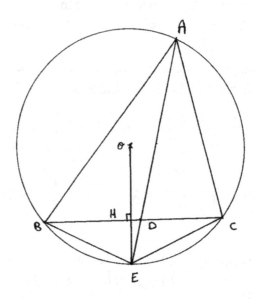

1° $\widehat{CAE} = \widehat{EAB}$ (car AE bissectrice)

$\Rightarrow \dfrac{\widehat{EC}}{2} = \dfrac{\widehat{EB}}{2} \Rightarrow \widehat{EC} = \widehat{EB} \Rightarrow$

E milieu de $\widehat{BEC}$

2° On a $\widehat{ABD}$ et $\widehat{CED}$ sont semblables car

$\widehat{EDC} = \widehat{BDA}$ (opposé par le sommet)

$\widehat{BAE} = \dfrac{\widehat{BE}}{2} = \widehat{DCE}$ donc sont semblables

est $\begin{matrix} ABD \\ CED \end{matrix} \Big\} \Rightarrow \dfrac{|AB|}{|CE|} = \dfrac{|AD|}{|CD|} = \dfrac{|BD|}{|ED|}$

de même on a $\widehat{AEC}$ et $\widehat{CDE}$ sont semblables

car E commun et $\widehat{EAC} = \dfrac{\widehat{EC}}{2} = \dfrac{\widehat{EB}}{2} = \widehat{DCE}$
donc sont semblables est

$\begin{matrix} AEC \\ CED \end{matrix} \Big\} \Rightarrow \dfrac{|AE|}{|CE|} = \dfrac{|AC|}{|CD|} = \dfrac{|EC|}{|ED|} \Rightarrow |EC|^2 = |AE|.|ED|$

3°   R = 6 cm

$|EA|$ = 9cm

Et d($|BC|$, θ) = 3cm soit OH ⊥ BC ⇒ OH = 3cm.

On remarque que $B\widehat{E}C$ isocèle ⇒ $|BC|$ = $|EC|$ ⇒

E ∈ à la médiatrice de BC or H milieu de

BC car $B\widehat{O}C$ isocèle et OH hauteur qui est à la fois médiatrice

⇒ OH médiatrice de BC donc E ∈ OH de plus OE = R 6cm

= 2 OH ⇒

H milieu de OE ⇒ HE = 3 cm avec $HC^2 = OC^2 - OH^2$

($O\widehat{H}C$ = 90°) ⇒ HC^2 = 36 – 9 = 27 ⇒ HC = $3\sqrt{3}$ et

$EC^2 = HE^2 + HC^2$ = 9 + 27 = 36 (ou bien directement CE =

CO = R car CH médiatrice de OE)

D'après 2° on a $|EA|^2 = |ED|.|EA| ⇒ |DE| =$

$$\frac{|EC|^2}{|EA|} = \frac{36}{9} = 4cm \text{ et } |AD| = |AE| - |DE| = 9 - 4 = 5cm$$

****

39-

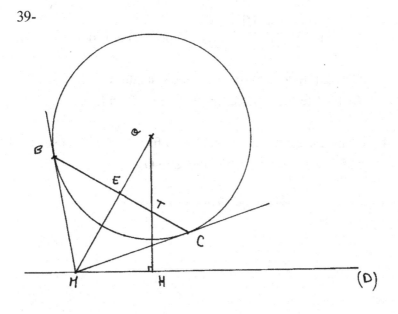

1°- on a $\begin{cases} MB = MC\,(2\ tg\ de\ m\hat{e}me\ point) \\ OB = OC = R \Rightarrow \end{cases}$

OM médiatrice de BC

$\Rightarrow OM \perp BC \Rightarrow OE \perp BC$

$\Rightarrow O\widehat{E}T = 90° = O\widehat{H}M$

Et l'angle $\widehat{O}$ commun par suite

$O\widehat{M}N$ et $O\widehat{T}E$ sont semblables

$$\Rightarrow \frac{|OM|}{|OT|} = \frac{|OH|}{|OE|} = \frac{|MH|}{|TE|}$$

$$\Rightarrow |OE|.|OM| = |OT|.|OH|$$

2° On a MB tg au cercle $\Rightarrow OB \perp MB$

$\Rightarrow$ le triangle $O\widehat{B}M$ rectangle On de plus

$BE \perp OE \Rightarrow BE$ Hauteur $\Rightarrow$

$OB^2 = |OE|.|OM| \Rightarrow R^2 = |OE|.|OM|$

3° d'après 1°) On a $|OE|.|OM| = |OT|.|OM|$

$$\Rightarrow |OT| = \frac{|OE|.\,|OM|}{|OH|} = \frac{R^2}{|OH|} \quad \text{d'après 2°) or (D) fixe et}$$

(OH) $\perp$ (D) donc H fixe $\Rightarrow$ OH constante $\Rightarrow$

$|OT|$ = Cte est sa direction est fixe $\Rightarrow$ T est fixe.

4° Comme T est fixe d'après 3°) et O fixe $\Rightarrow |OT|$ = cte et $O\widehat{E}T$
= 90° $\Rightarrow$ E $\in$ au cercle de diamètre OT.

****

40-

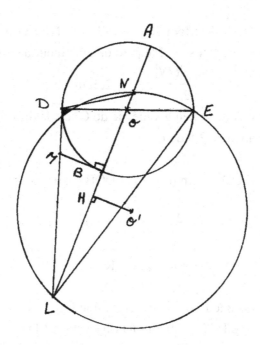

1°   Pour construire le cercle (C') passe par L, E et D il faut chercher le point de concourt des médiatrices qui sera le centre de (C').

2° $\widehat{LOE} = \widehat{DON}$ (opposé par le sommet)

$\widehat{OEL} = \dfrac{\overset{\frown}{DL}}{2}$ dans le cercle (C') et $= \widehat{DNL}$

Par suite les 2 triangles. $\widehat{OEL}$ et $\widehat{OND}$ sont semblables

$$\dfrac{|OE|}{|ON|} = \dfrac{|OL|}{|OD|} = \dfrac{|EL|}{|ND|}$$

3°   d'après 2°) $|ON| \times |OL| = |OE|.|OD| = 2.2 = 4\text{cm}^2$ cte
(car OE = OD = rayon) or OL = 2OB car L symétrie de O% à
B $\Rightarrow$ OL = 4cm $\Rightarrow$

$$|ON| = \frac{4}{|OL|} = \frac{4}{4} = 1\text{cm de plus O'L} = \text{O'N} \Rightarrow \text{O'} \in \text{à la}$$

médiatrice de LN soit H le pied de la hauteur a baisé de O' $\Rightarrow$

$$|LH| = \frac{|LN|}{2} = \frac{|OL| + |ON|}{2} = \frac{5}{2} = 2,5\text{cm}.$$

Or L fixe donc le lieu géométrie de O' est la droite $\perp$ à OL et à une distance de 2,5 de L.

4° a) OB = OD = 2cm (rayon) et $\widehat{DOB} = 60° \Rightarrow$

$$\widehat{ODB} = \widehat{DBO} = \frac{180° - 60°}{2} = 60° \Rightarrow \text{OBD équi.}$$

On a $\widehat{DOL} = 60°$ et $|OD| = R = 2\text{cm} = \frac{|OL|}{2} \Rightarrow$

Le triangle $\widehat{LDO}$ est demi-equilatéral.

Comme $\widehat{LDO} = 90°$ et OD rayon donc LD tg à (c)

b) d'après 4°) a) $\widehat{LDO}$ demi équilatéral $\Rightarrow |LD| =$

$$\frac{|OL|\sqrt{3}}{L} = \frac{4\sqrt{3}}{2} = 2\sqrt{3} \text{ cm}$$

c) $|MD| = |MB|$ (2 tg issue de même point au même cercle) et $|OD| = |OB|$

avec $\widehat{ODM} = \widehat{OBM} = 90° \Rightarrow \text{OM bissectrice de } \widehat{DMB}$ et

$\widehat{DDB} \Rightarrow \widehat{MOB} = 30°$

donc $\widehat{OMB} = 60°$ car $\widehat{MBO} = 90°$ (tg) $\Rightarrow$

OMB est demi équilatéral $\Rightarrow$ HB = $\frac{OM}{2}$ or OB = 2 =

$$\frac{OM\sqrt{3}}{2} = MB\sqrt{3} \Rightarrow$$

$$MB = \frac{2\sqrt{3}}{3} \text{ cm}$$

****

41-

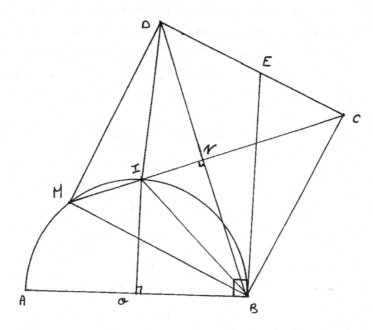

1° On a $\widehat{CMB} = 45° = \dfrac{\widehat{IB}}{2} \Rightarrow \widehat{IB} = 90° \Rightarrow$ I milieu de l'arc $\widehat{AB}$
$\Rightarrow$ I est fixe.

2° MB = MD (MBCD carré) et de même CD = CB par suite MC médiatrice BD comme IE [MC] $\Rightarrow$ IB = ID $\Rightarrow$ le triangle IBD est isocèle comme I fixe et B fixe par suite IB = cte (IB = $\dfrac{AB\sqrt{2}}{2}$) c.à.d ID = cte et I fixe donc D déplace sur un cercle de centre I est de rayon IB = ID.

3° AB diamètre et M $\in$ au cercle $\Rightarrow \widehat{AMB} = 90° = \widehat{ECB}$ (angle du carré) de plus
$\widehat{ABM} + \widehat{MBE} = 90° = \widehat{MBE} + \widehat{EBC} \Rightarrow \widehat{ABM} = \widehat{EBC}$ et BC = MB (côté des carrés) par suite les 2 triangles MAB et CEB sont superposables.

4° d'après 3°) ABM et CEB sont égaux $\Rightarrow$ BA = BE et B fixe et BE $\perp$ AB donc E fixe par suite C $\in$ au cercle de diamètre BE.

5° Soit O le centre de cercle on a $\widehat{IOB}$ = $\widehat{IB}$ = 90° et $\widehat{INB}$ = 90° car les diagonales dans un carré sont ⊥ par suite 2 angles opposés leur somme = 180° ⇒ OINB est inscriptible de centre le milieu de IB de diamètre IB avec IB = $\frac{AB\sqrt{2}}{2}$; $\widehat{INB}$ = 90° et I fixe et B fixe ⇒ N ∈ au cercle de diamètre IB.

****

42-

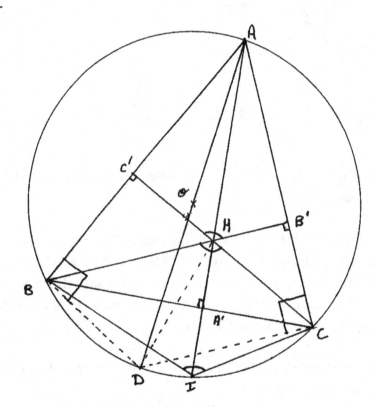

1°   On a C'HB' + C'AB' = 180° car C' = B' = 90°

De plus C'HB' = CHB (comme opposé par le sommet) or C ∈ à la médiatrice de HI car I symétrique de H% A' ⇒ CH = CI ⇒ CĤI = CÎH de la même façon BĤI = BÎM ⇒ BĤC = CÎB or BÂC + BĤC = 180° ⇒ BÂC + BÎC = 180° ⇒ ABIC est inscriptible ⇒ I ∈ au cercle car les 3 autres points sont ∈ à ce cercle.

2°   Les 2 triangles BB'C et BA'H sont semblables car $\widehat{B}$ commun et $\widehat{A}$' = $\widehat{B}$' = 90°

$$\Rightarrow \frac{BB'}{BA'} = \frac{B'C}{A'H} = \frac{BC}{BH} \Rightarrow BH.BB' = BA'.BC$$

$$\Rightarrow BH (BH + HB') = BA' (BA' + A'C)$$
$$\Rightarrow BH^2 + BH . HB' = BA^2 + BA' . A'C$$
$$\Rightarrow A'H^2 + BH . HB' = BA' . A'C$$

3°   puisque D diamétralement opposé de A ⇒ AD diamètre ⇒ DB̂A = 90° = CC'A ⇒ CC' // BD de la même façon on démontre CD // BB' ⇒ BHCD est un parallélogramme et puisque HD et BC sont les 2 diagonales HD passe par le milieu de BC.

4°   Puisque BC et HD se coupe en leur milieu Donc les 2 médianes issue de A au 2 triangles AB̂C et AĤD sont confondues parsuite leur centre de gravité est le même (car le centre de gravité ∈ à 2/3 du sommet A).

****

43-

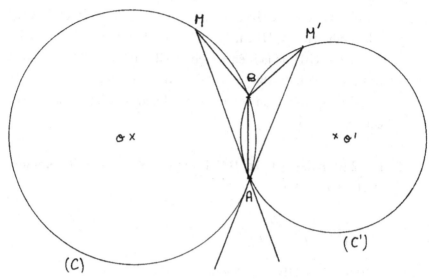

(C)

(C')

1° Les 2 triangles $M\widehat{B}A$ et $A\widehat{B}M'$ sont semblables

car $B\widehat{M}A = \dfrac{\overset{\frown}{AB}}{2} = M\widehat{A}B$ (car tg et corde) de même $B\widehat{M}A = B\widehat{A}M' \Rightarrow$

$$\dfrac{|MB|}{|AB|} = \dfrac{|BA|}{|BM'|} \Rightarrow |AB^2| = |BM|.|BM'|$$

2° d'après 1) on a $M\widehat{B}A = A\widehat{B}M'$ parsuite AB est bisectrice de grand angle MBM'.

3° Les 2 triangles $O\widehat{A}M$ et $O'\widehat{A}M'$ sont semblables

car $\dfrac{OA}{OM} = \dfrac{O'A}{O'M'} = 1$ et $M\widehat{O}A = A\widehat{O}'M'$ car

$M\widehat{O}B = \overset{\frown}{MB} = 2MAB = 2BM'A = \overset{\frown}{AB} = BO'A$ est de même

on démontre $B\widehat{O}A = B\widehat{O}M'$ par suite $M\widehat{O}B = M'\widehat{O}'B$ donc

sont semblables

$$\Rightarrow \dfrac{|OA|}{|O'A|} = \dfrac{r}{r'} = \dfrac{|AM|}{|AM'|}$$

****

44-

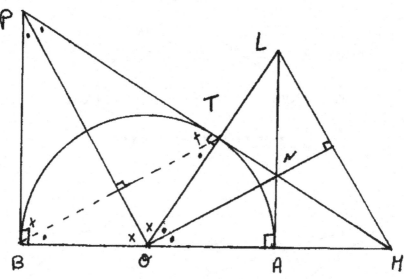

1° Les 2 triangles $O\widehat{B}P$ et $N\widehat{A}O$ sont semblables car $\widehat{B} = \widehat{A} = 90°$
et $O\widehat{P}B = N\widehat{O}A$ car on le même complement aire $(P\widehat{O}B) \Rightarrow$
$\dfrac{|OB|}{|NA|} = \dfrac{|OP|}{|NO|} = \dfrac{|BP|}{|AO|} \Rightarrow |AN|.|BP| = |OB|.|OA| = R^2$

2° n a $LA \perp OM \Rightarrow LA$ hauteur dans le triangle $L\widehat{O}M$ de même
$TM \perp LO$ est ces 2 hauteurs se coupent en N donc N est
l'orthocentre de triangle $L\widehat{O}M$
$\Rightarrow ON$ la 3ème hauteur $\Rightarrow ON \perp ML$.

3° On a $MT^2 = MO^2 - OT^2 = 4R^2 - R^2 = 3R^2$
$\Rightarrow MT = R\sqrt{3}$ et on a les 2 triangles $M\widehat{A}N$ et $M\widehat{T}O$ sont
semblables
car $\widehat{A} = \widehat{T} = 90$ et $\widehat{M}$ commun $\Rightarrow$

$\dfrac{MA}{MT} = \dfrac{MN}{MO} \Rightarrow MN = \dfrac{MA.\ MO}{MT} = \dfrac{R.\ 2R}{R\sqrt{3}} = \dfrac{2R}{\sqrt{3}}$

Avec $MA = R = \dfrac{MN\sqrt{3}}{2} = \dfrac{2R}{\sqrt{3}} \cdot \dfrac{\sqrt{3}}{2} = R$ et

$\widehat{A} = 90°$ donc $M\widehat{A}N$ est demi-équilatéral

*) NA // PB = $\dfrac{MA}{AB} = \dfrac{MN}{NP} \Rightarrow NP = \dfrac{2R.\dfrac{2R}{\sqrt{3}}}{R} = \dfrac{4R}{\sqrt{3}} = \dfrac{4R\sqrt{3}}{3}$

$\Rightarrow$ l'aire ANPB = $\dfrac{(NP + AB)(NA)}{2} = \dfrac{2R^2}{3}(2 + \sqrt{3})$

****

45-

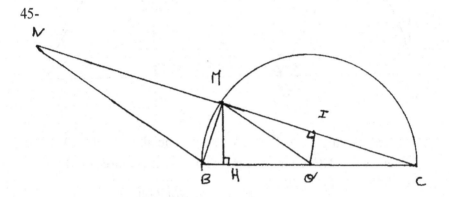

1°   d'après les formules du triangle rectangle on a:
$|MB|.|MC| = |MH|.|BC| = |MH|.2|MO| \Rightarrow$

$|MH|.|MO| = \dfrac{1}{2}|MB|.|MC|$ dans le triangle rectangle en M ($B\widehat{M}C$)
(N.B pour démontrer la formule on considère les 2 triangles
semblables $M\widehat{B}C$ et $H\widehat{M}C$)

2° $O\widehat{I}M = M\widehat{H}C = 90°$
$I\widehat{C}O + C\widehat{O}I = 90°$ or $I\widehat{O}C = I\widehat{O}M$ car $M\widehat{O}C$ isocèle et OI
médiane avec
$I\widehat{O}M + O\widehat{M}I = 90°$
$\Rightarrow M\widehat{C}O = I\widehat{M}O$ donc $O\widehat{I}M$ et $M\widehat{H}C$ sont semblables
(ou bien plus vite $\widehat{I} = \widehat{H} = 90°$ et $I\widehat{M}O = I\widehat{C}O$ car $\widehat{OM}$ isocèle)

3° O milieu de BC $\Big\}$ $\Rightarrow$ M milieu de NC $\Rightarrow$

OM // BN $\quad$ BN = 2OM

Dans le triangle $\widehat{CBN} \Rightarrow BN = 2R$ et B fixe donc N varie sur le demi-cercle de centre B est de rayon 2R.

****

46-

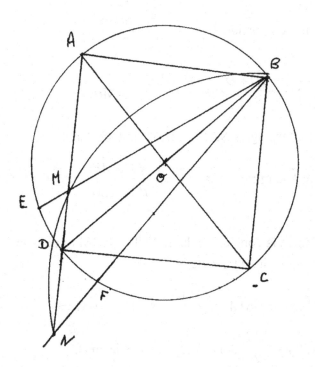

1° *) Les diagonales dans un carré sont $\perp \Rightarrow$ le triangle $\widehat{AOD}$ est rectangle isocèle (OA = OD) $\Rightarrow AD^2 = OA^2 + OD^2 \Rightarrow AD^2 = 2OA^2 \Rightarrow AD = OA\sqrt{2} = R\sqrt{2}$.

*) On a $|AB| = |CD| = |DA| = |BC|$ (côtes du carré) $\Rightarrow$

$\left|\widehat{AB}\right| = \left|\widehat{BC}\right| = \left|\widehat{CD}\right| = \widehat{DA}$ or le perimètre du cercle égal à

$$2\pi R = \left|\widehat{AB}\right| + \left|\widehat{BC}\right| + \left|\widehat{CD}\right| + \widehat{DA} =$$

$$4\left|\widehat{AB}\right| \Rightarrow \left|\widehat{AB}\right| = \frac{\pi R}{2}$$

*) L'aire du triangle $O\widehat{A}B = \dfrac{OA.\,OB}{2} = \dfrac{R^2}{2}$ et

L'aire du secteur $A\widehat{O}B = \dfrac{l'\text{aire du cercle}}{4} = \dfrac{\pi R^2}{4} \Rightarrow$

L'aire du portion $= \dfrac{\pi R^2}{4} - \dfrac{R^2}{2} = \dfrac{R^2}{2}(\dfrac{\pi}{2} - 1)$

2° $\quad A\widehat{B}N = \dfrac{\widehat{AD} + \widehat{DF}}{2} = \dfrac{\widehat{AB} + \widehat{DE}}{2} = A\widehat{M}B$

Les 2 triangles $N\widehat{A}B$ et $B\widehat{A}M$ sont semblables

car $\widehat{A}$ commun et $\widehat{B} = \widehat{M} \Rightarrow \dfrac{\widehat{NA}}{\widehat{BA}} = \dfrac{\widehat{AB}}{\widehat{AM}} \Rightarrow \widehat{NA}.\widehat{AM} = \widehat{AB}^2$

3° d'après la conclusion du 2) $A\widehat{N}B = A\widehat{B}M$ or dans le cercle circonscrit au triangle

BMN on a $A\widehat{N}B = \dfrac{\widehat{MB}}{2}$ or $A\widehat{N}B = A\widehat{B}M \Rightarrow$

$A\widehat{B}M = \dfrac{\widehat{MB}}{2}$ donc Agtg à ce cercle en B.

4° d'après 3°) AB tangent au cercle donc $\perp$ au rayon de ce cercle et comme $CB \perp AB$ on B

$\Rightarrow$ le centre de ce cercle varie sur la demi droite. [BC] lorsque M varie sur [AD].

****

47-

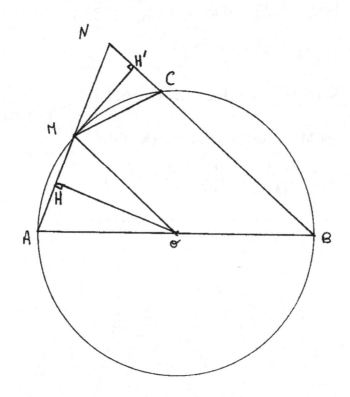

1° milieu de AN $\Bigg\}$ ⇒ BM médiane et hauteur à la fois ⇒
M ∈ C et AB diamètre $\Bigg/$ $A\widehat{B}N$ est isocèle

⇒ BA = BN = 2R est B fixe ⇒ N varie sur un cercle de centre B de rayon 2R.

2° d'après 1°) $B\widehat{N}A = N\widehat{A}B \Rightarrow \dfrac{\widehat{AB} - \widehat{MC}}{2} = \dfrac{\widehat{AB} - \widehat{AM}}{2} \Rightarrow \widehat{MC} = \widehat{AM}$

⇒ $|MC| = |MA| = |MN|$ car (N symétrie de A% à M).

3° On a d'après 1°) $C\widehat{N}M = O\widehat{A}M$ de plus $A\widehat{M}O = M\widehat{N}C$
car ces 2 triangles sont isocèle (OA = OM = R et
MC = MN d'après 2°) donc sont semblables ⇒

$\dfrac{|AO|}{|MN|} = \dfrac{|AM|}{|NC|} \Rightarrow \dfrac{|AO|}{|AM|} = \dfrac{|AM|}{|NC|}$ (car NM = AM d'après 2°)

donc (AM) est moyenne proportionnelle entre NC et AO.

4° $|AM| = 2|CN| \Rightarrow$ d'après 3°) $\dfrac{|AM|}{|CN|} = 2 \Rightarrow \dfrac{|AO|}{|AM|} = 2$

$\Rightarrow |AM| = \dfrac{|AO|}{2} = \dfrac{r}{2}$

Soit OH la hauteur dans le triangle $A\widehat{O}M$ $\left.\begin{array}{l} \\ \\ \end{array}\right\} \Rightarrow \dfrac{|OH|}{|MH'|} = 2 \,(\text{d'après } 3°)$

Soit MH' la hauteur dans le triangle $M\widehat{N}C$

$\Rightarrow \dfrac{aire\,(AOM)}{aire\,(MNC)} = \dfrac{OH\,.\,AM}{MH'\,.\,NC} = 2.2 = 4$

****

48-

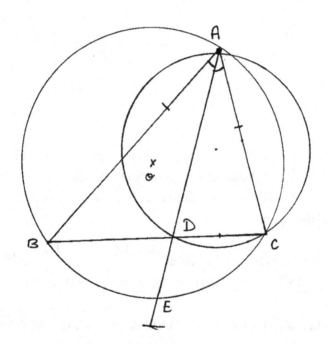

1° $\widehat{CDE} = \widehat{BDA}$ comme opposée par le sommet et

$\widehat{BCE} = \dfrac{\overset{\frown}{BE}}{2} = \widehat{BAE}$ donc $\widehat{DCE}$ et $\widehat{DAB}$ sont semblables de rapport :

$$\frac{DC}{DA} = \frac{DE}{DB} = \frac{CE}{AB}$$

2° $\widehat{E}$ commun

$\widehat{ECD} = \widehat{EAB} = \widehat{EAC}$ car AE bissectrice $\left.\begin{array}{c} \\ \\ \end{array}\right\}$ $\widehat{DCE}$ et $\widehat{CAE}$ sont semblables

$$\Rightarrow \frac{|DC|}{|CA|} = \frac{|CE|}{|AE|} = \frac{|DE|}{|CE|} \quad |EC^2| = |ED|.|EA|$$

3° $\widehat{DAC} = \dfrac{\overset{\frown}{CD}}{2}$ mais d'après 2°) $\widehat{DAC} = \widehat{DCE} \Rightarrow$

$\widehat{DCE} = \dfrac{\overset{\frown}{CD}}{2} \Rightarrow$ EC tg au cercle circonscrit au $\widehat{DCE}$ en C.

****

49-

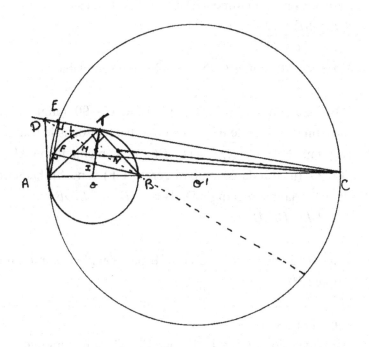

1°   *) AC diamètre dans (C') et E $\in$ (C') $\Rightarrow$
$\widehat{AEC}$ = 90° et OT $\perp$ EC car OT tg $\Rightarrow$ $\widehat{OTA}$ = $\widehat{TAE}$ (alt. int) et
$\widehat{OTA}$ = $\widehat{OAT}$ car le triangle $\widehat{AOT}$ est isocèle (OA = OT) donc
$\widehat{OAT}$ = $\widehat{TAE}$ $\Rightarrow$
AT bissectrice de $\widehat{EAO}$.

*) AB diamètre et F $\in$ (C) $\Rightarrow$ $\widehat{AFB}$ = 90° dans le quadrilatère
TEFI (I = OT $\cap$ FB) on a $\widehat{T} = \widehat{E} = \widehat{F}$ = 90° $\Rightarrow$ il reste à $\widehat{I}$ = 90°
donc OT $\perp$ FB et $\widehat{TFB} = \frac{\widehat{TB}}{2} = \widehat{TAE}$ (car AT bissectrice) = $\frac{\widehat{FT}}{2}$
= $\widehat{FBT}$ donc $\widehat{TFB} = \widehat{FBT}$ $\Rightarrow$ le triangle $\widehat{FTB}$ est isocèle et $\widehat{TI}$
hauteur donc TI mediatrice de FB.

2°   *) $\widehat{C}$ commun
$\widehat{CTB} = \frac{\widehat{TB}}{2} = \widehat{TAB}$ $\Big\}$ $\Rightarrow$ $\widehat{CBT}$ et $\widehat{CTA}$ sont semblables

*) d'après précédemment $\widehat{TBC} = \widehat{CTA}$ de plus
$$\frac{CB}{CT} = \frac{BT}{TA} = \frac{2TN}{2MT} = \frac{TN}{MT}$$
Donc les 2 triangles $\widehat{CBN}$ et $\widehat{CTM}$ sont semblables.

3°   (DA) tg commune $\Rightarrow$ $\widehat{DAC}$ = 90° et $\widehat{AEC}$ = 90° (angle inscrit
dans un demi-cercle (C')) donc AE hauteur dans le triangle
rectangle $\widehat{DAC}$ $\Rightarrow$ $\overline{AD}^2 = \overline{DE}.\overline{DC}$, de la même façon $\widehat{AL}$
B = 90° (inscrit dans un demi-cercle (C)) donc AL hauteur
dans le triangle rectangle $\widehat{DAB}$ $\Rightarrow$ $\overline{AD}^2 = \overline{DL}.\overline{DB}$ $\Rightarrow$
$\overline{DL}.\overline{DB} = \overline{DE}.\overline{DC}$

4°   Dans les 2 triangles $\widehat{DLC}$ et $\widehat{DEB}$ on a l'angle D commun et
d'après 3°)
$\overline{DL}.\overline{DB} = \overline{DE}.\overline{DC}$ $\Rightarrow$ $\frac{\overline{DL}}{\overline{DE}} = \frac{\overline{DC}}{\overline{DB}}$ donc ces 2 triangles sont
sembalbles
par conclusion $\widehat{ECL}$ = $\widehat{LBE}$ donc ELBC est inscriptible.

****

50-

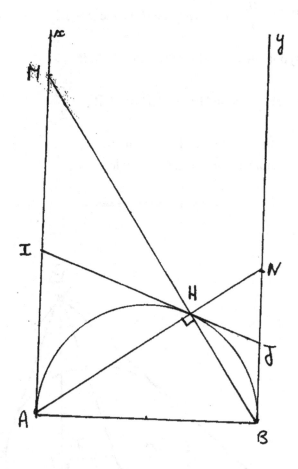

1° $\widehat{A} = \widehat{B} = 90°$ $\Rightarrow$ Les 2 triangles MÂB et AB̂

N sont sembables

$$\frac{\overline{AM}}{\overline{AB}} = \frac{\overline{AB}}{\overline{BN}} \quad \text{(par hypothèse)}$$

2° d'après 1°) HN̂B + HB̂A = 90° $\Rightarrow$ HB̂A + HB̂N = 90°

   $\Rightarrow$ HN̂B + HB̂N = 90° $\Rightarrow$ NĤB = 90° par suite AN $\perp$ BM

   A, B sont fixes et AĤB = 90° $\Rightarrow$ H $\in$ au demi-cercle de diamètre

   [AB] du côté ([Ax), [A, y)).

3° BY ⊥ AB ⟹ BY tg au cercle de diamètre AB ⟹

$H\widehat{B}N = \dfrac{\overline{HB}}{2}$ or J milieu de BN avec BN est

L'hypoténuse du triangle rectangle B$\widehat{H}$N ⟹

JN = JH = JB ⟹ H$\widehat{B}$J = J$\widehat{H}$B ⟹ J$\widehat{H}$B = $\dfrac{\overline{HB}}{2}$ ⟹

HJ est tg au cercle en H de la même façon
On démontre que IH tg à ce cercle.

****

51-

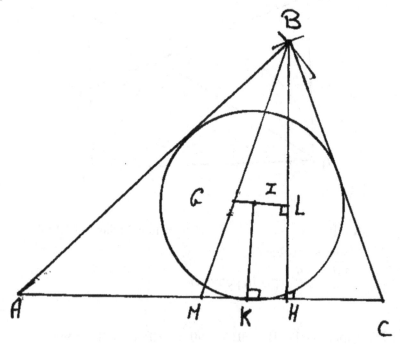

1° $2P = |AB| + |BC| + |AC| = 3|AC|$

2° l'aire (AÎB) = $\dfrac{r.|AB|}{2}$

L'aire (BÎC) = $\dfrac{r.|BC|}{2}$

L'aire (CÎA) = $\dfrac{r.|AC|}{2}$

$\Rightarrow$ l'aire (AĤC) = l'aire (AÎC) + l'aire (CÎB) + l'aire (BÎA)

$= \dfrac{r}{2}\left(3|AC|\right) = \dfrac{3}{2}.r|AC| = \dfrac{r}{2}.2p = r.p$

*) On rappelle que I est le point de concourt des bissectrices.

3° l'aire de (AĤC) = $\dfrac{|BH|.|AC|}{2} = \dfrac{3}{2}.r.|AC|$

$\Rightarrow r = \dfrac{|BH|}{3}$

4° Soit M le milieu de [AC] est soit L le pied du $\perp$ abaissé de I sur BH et K l'intersection du cercle avec AC, c.à.d. IK = r et IK $\perp$ AC $\Rightarrow$

ILHK rectangle donc LH = r ($\Rightarrow$ d'après 3°) $|LH| = \dfrac{|BH|}{3}$

Considérons maintenant les 2 triangles BĜL et BM̂H

On a $\dfrac{\overline{BG}}{\overline{GM}} = 2 = \dfrac{\overline{BL}}{\overline{LH}}$ $\Rightarrow$ d'après le réciproque du théorème de Thales GL // MH or

MH $\perp$ BH $\Rightarrow$ GL $\perp$ MH or IL $\perp$ BH donc G, I et L sont alignés $\Rightarrow$

GI // MH par suite GI // AC.

$$\ast\ast\ast\ast\ast\ast\ast\ast\ast\ast\ast\ast\ast\ast\ast\ast\ast\ast\ast\ast\ast\ast$$

52-

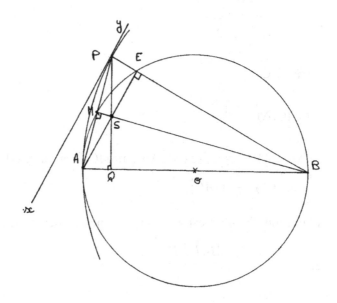

1° O milieu de AB ⎫ ⇒ dans le triangle $A\hat{P}B$, OM // BP et
                             PB = 2OM = 2r

   M milieu de AP ⎭ donc P ∈ au cercle de centre B est de
diamètre 2r.

2° *) Dans le triangle $A\hat{P}B$ on a PQ ⊥ Ab par hypothèse et AE ⊥ PB car $A\hat{E}B = 90°$ inscrit dans un demi-cercle de même pour BM ⊥ AP donc ces 3 segments n'est autre que les 3 hauteurs donc ils se rencontrent en un seul point soit S.

*) Pour le triangle $A\hat{S}P$, $|AM| = |MP|$ par hyp et $S\hat{M}A = 90°$ donc SM médiane à la fois hauteur ⇒ $A\hat{S}P$ isocèle.

3° Les 2 triangles $S\hat{A}Q$ et $S\hat{P}E$ sont semblables car $A\hat{S}Q = P\hat{S}E$ (opposée par le sommet) et $\hat{Q} = \hat{E} = 90°$ ⇒

$$\frac{\overline{SQ}}{\overline{SE}} = \frac{\overline{SA}}{\overline{SP}} \Rightarrow \overline{SQ} \times \overline{SP} = \overline{SE} \times \overline{SA}$$ de la même façon

On prend les triangles $S\hat{E}B$ et $S\hat{M}A$.

4° $\widehat{APQ} = \widehat{MBA}$ même complémentaire $(\widehat{BAP})$ or (XPY) tg au (c') $\Rightarrow \widehat{XPA} = \frac{\overline{AP}}{2} = PBM = MBA$ car $BP = BA = 2$ r est que M milieu de AP $\Rightarrow$ BM sera à la fois bissectrice et [BM] coupe l'arc $\overset{\frown}{AP}$ on son milieu car elle coupe déjà la corde Ap en son milieu.

$\Rightarrow \widehat{APQ} = \widehat{MBA} = \widehat{XPA} \Rightarrow$ PA bissectrice $\widehat{XPQ}$.

****

53-

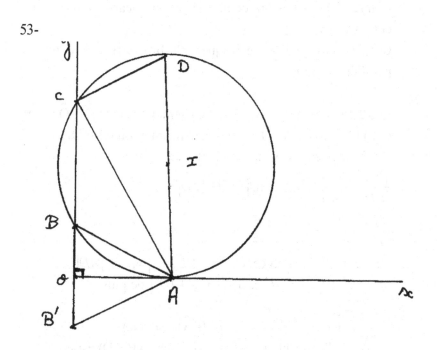

1° (C) est tg à [OX) en A $\Rightarrow$ IA $\perp$ [OX) en A, est A fixe (car $|OA|$ = a) donc I varie sur la droite passant par A est $\perp$ à [OX).

2° B' symétrique de B% à [OX) c.à.d % à O car [OX) $\perp$ [OY) par hyp $\Rightarrow \widehat{BAB'}$ isocèle $\Rightarrow \widehat{ABB'} = \widehat{ABB}$ or $\widehat{B'BA} + \widehat{BAO} = 90°$ car $\widehat{O} = 90° \Rightarrow \widehat{BB'A} + \widehat{OAB} = 90°$

avec $\widehat{OAB} = \dfrac{\overline{AB}}{2} = B'\widehat{C}A \Rightarrow B\widehat{B}'A + B'\widehat{C}A = 90° \Rightarrow C\widehat{A}B' = $
90° donc le triangle $B'\widehat{A}C$ rectangle en A. de hauteur AO $\Rightarrow$
$a^2 = (AO^2) = \overline{B'O.OB} = \overline{OB.OC}$
car OB = OB' (B' symétrie de B% à O).

3° $\left. \begin{array}{l} DA \perp [OX) \\ CB' \perp [OX) \end{array} \right\} \Rightarrow DA \mathbin{/\!/} \text{à } CB'$

D'après 2°) $B'\widehat{A}C = 90°$ de plus $H\widehat{C}D = 90°$ car AD diamètre
et $C \in (C) \Rightarrow$
CD $/\!/$ B'A (d'après le réciproque d'alt. Int) $\Rightarrow$ B'ADC et un
parallélogramme.

4° Les 2 triangles $A\widehat{C}D$ et $A\widehat{O}B$ sont semblables car $\widehat{C} = \widehat{O} = 90°$
et $C\widehat{D}A = C\widehat{B}'A$ (angle opposée dans un parallél) $= O\widehat{B}A$ car
$O\widehat{A}B$ isocèle donc sont semblables $\Rightarrow$

$$\dfrac{|AB|}{|AD|} = \dfrac{|AO|}{|AC|} \Rightarrow |AB| \cdot |AC| = |AO| \cdot |AD|$$

$$\dfrac{1}{AB^2} + \dfrac{1}{AC^2} = \dfrac{\overline{AC^2} + \overline{AB^2}}{|AB^2| \cdot \overline{AC^2}}$$

Or d'après ce qui précède on a $|AB| \cdot |AC| = |AO| \cdot |AD|$
$\Rightarrow |AB^2| \cdot |AC^2| = |AO^2| \cdot |AD^2| = a^2 \cdot |AD^2|$ de plus

$\overline{AC^2} + \overline{AB^2} = \overline{AC^2} + \overline{AB^2}$ (car $B'\widehat{A}B$ isocèle)
$= \overline{B'C^2}$ (d'après phytagore) $= \overline{AD^2}$ (car AB'CD) est un
parallellogramme) $\Rightarrow$

$$\dfrac{1}{\overline{AB^2}} + \dfrac{1}{\overline{AC^2}} = \dfrac{AD^2}{a^2 \cdot AD^2} = \dfrac{1}{a^2} = \text{cte}$$

****

54-

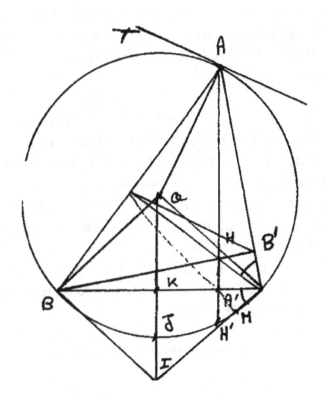

1°   voir problème 42 (1°)

2° $\widehat{TAB} = \frac{\overline{AB}}{2} = \widehat{BH'A} = \widehat{BHH'}$ (car $\widehat{BHH'}$ isocèle H' symétrie de H% A') $= \widehat{AHB'}$ (opposée par le sommet) $= \widehat{AC'B'}$ (car $\widehat{C'}$ $= \widehat{B'} = 90$ donc le quadrilatère HC'AB' est inscriptible $\Rightarrow \widehat{AC'}$ B' $= \widehat{AHB'}$) par suite $\widehat{TAB} = \widehat{AC'B'}$ donc TA // B'C' d'après le reciproque d'angles alt. Int. et comme OA $\perp$ AT car AT tg en A

$\Rightarrow$ OA $\perp$ B'C' (B'C' // TA).

3° $\widehat{A}$ commun
D'après 2°) $\widehat{TAB} = \frac{\overline{AB}}{2} = \widehat{AC'B'} \Rightarrow \widehat{AC'B'} = \frac{\overline{AB}}{2} = \widehat{AC'B}$
Par suite les 2 triangles sont semblables.

4° *) I le symétrie de O% BC $\Rightarrow$ OI médiatrice de BC (OI $\perp$ à BC est passe par son milieu) donc OI et BC se coupent en leur milieu $\Rightarrow$ BOCI est un parallélogramme est comme OI $\perp$ BC $\Rightarrow$ sera losange.

*) Soit J = (OI) $\cap$ (C) $\Rightarrow$ B$\widehat{O}$J = $\widehat{BJ} = \dfrac{\widehat{BC}}{2}$ (car OJ passe par le milieu de [BC] et $\perp$ à BC) = B$\widehat{A}$C $\Rightarrow$ B$\widehat{A}$C = B$\widehat{O}$I = O$\widehat{I}$C (alt int) de plus C$\widehat{K}$I = C$\widehat{C}$'A = 90° avec K le milieu de [BC] donc les 2 triangles C$\widehat{C}$'A et C$\widehat{K}$I sont sembalbles $\Rightarrow$ A$\widehat{C}$C' = K$\widehat{C}$I. On a BB' hauteur $\Rightarrow$ B$\widehat{B}$'C = 90° $\Rightarrow$ B'$\widehat{C}$B + B'$\widehat{B}$C = 90° or a B'$\widehat{B}$C = C$\widehat{C}$'A (car BA'HC' est inscriptible A' = C' = 90°) $\Rightarrow$ B'$\widehat{C}$B + C$\widehat{C}$'A = 90° avec B'$\widehat{C}$B = B'$\widehat{C}$C' + C'$\widehat{C}$B = K$\widehat{C}$I + C'$\widehat{C}$ B = C'$\widehat{C}$I $\Rightarrow$ C'$\widehat{C}$I + C$\widehat{C}$'A' = 90° donc il reste à C'$\widehat{M}$C = 90° avec M = {(C'A') $\cap$ (CI)} $\Rightarrow$ C'A' $\perp$ CI de la même façon on démontre que IB $\perp$ H'B'.

****

55- I)

1° On rappelle qu'une relation R est une application si tout élément de l'ensemble de départ (qui est A dans cet exercice) sort une flèche est une seule. Par suite les applications sont R1, R3, R5.

2° R_1 non bijective car 3 éléments distincts ont même image (c.à.d. n'est pas injective).

R_2 n'est pas application de même R_4

R_3 n'est pas bijective car, elle est non surjective car d n'admet pas d'antécédent.

R_5 bijective car injective est surjective.

3° On rappelle qu'une relation R est une fonction si tout élément de l'ensemble de départ a au plus une relation avec l'élément de l'ensemble d'arrivée.

On remarque R_4 est une fonction mais n'est pas une application car z n'admet pas une image.

II)

1° $mx^2 - x + mx - 1 = x(mx\text{-}1) + mx\text{-}1 = (mx\text{-}1)(x\text{+}1)$

2° pour x ≠ -1 $\dfrac{mx^2 - x + mx - 1}{x+1} = \dfrac{(mx-1)(x+1)}{x+1}$ = mx-1

3° $\dfrac{mx^2 - x + mx - 1}{x+1}$ = x pour m = 2

$\Rightarrow 2x^2 - x + 2x - 1 = x^2 + x$

$\Rightarrow x^2 - 1 = 0 \Rightarrow (x\text{-}1)(x\text{+}1) \Rightarrow x = 1$ ou x = -1

Mais comme x = -1 n'est pas défini $\Rightarrow$ x = 1

III)

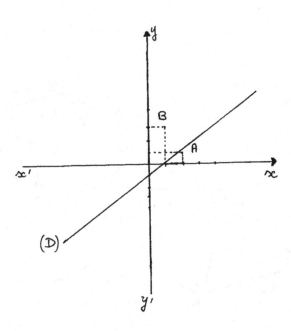

D: y = x = 1

x	0	+1
y	-1	0

$\Rightarrow$ (D) $\cap$ x'ox = Point (1, 0)

Et (D) $\cap$ y'oy = Point (0, -1)

2° $X_M = \dfrac{x_A + x_B}{2} = \dfrac{3}{2}$

$Y_M = \dfrac{y_A + y_B}{2} = 2 \Rightarrow M\left(\dfrac{3}{2}, 2\right)$

3° L'équation de la droite (D') est de la forme y = ax + b (forme générale) donc il faut déterminer a et b et comme (D') // (D)

$\Rightarrow a_{D'} = a_D \Rightarrow a_{D'} = 1$

Il reste à calculer b comme (D') passe par M donc le coordonné de M vérifie l'éq. de (D') $\Rightarrow Y_M = a x_M + b = x_M + b$ (car a = 1) $\Rightarrow 2 = \dfrac{3}{2} + b \Rightarrow b = \dfrac{1}{2}$

$\Rightarrow$ D' : y = x + $\dfrac{1}{2}$

IV-

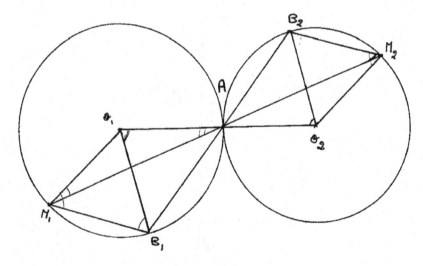

1° On joint $O_1 O_2$, $O_1 O_2$ passe par A car elles sont tg extérieurement en A donc $O_1 A O_2$ sont ainés par suite $O_1 \widehat{AB_1}$ = $O_2 \widehat{AB_2}$ comme opposé par le sommet de plus $O_1 \widehat{AB_1}$ = $O_1 \widehat{B_1} A$ car $B_1 O_1 A$ isocèle ($O_1 A = O_1 B_1$ = rayon) de même $O_2 AB_2 = AB_2 O_2$ par suite $O_1 B_1 A = AB_2 O_2 \Rightarrow$ le réciproque des angles alt.int $\Rightarrow O_1 B_1 \,//\, O_2 B_2$.

2° a) On a $M_2 B_2 B_1 = B_2 B_1 M_1$ (alt. int par hyp) et $O_2 B_2 B_1$ = $B_2 B_1 O_1$ (alt int d'après 1°) $\Rightarrow M_2 B_2 O_2 = M_1 B_1 O_1$ qui sont égal encore à $O_1 M_1 B_1$ et $O_2 M_2 B_2$ car les 2 triangles sont isocèles par suite les 2 triangles sont semblables.

b) D'après la conclusion du 2° a) on a $M_1 O_1 B_1 = M_2 O_2 B_2$ de plus $AO_1 B_1 = AO_2 B_2$ car $O_1 B_1 \,//\, O_2 B_2$ déjà démontré $\Rightarrow$ $M_1 O_1 A = AO_2 M_2$ et comme $\dfrac{O_1 A}{OM_1} = \dfrac{O_2 A}{O_2 M_2} = 1$

$\Rightarrow$ les 2 triangles $O_1 B_1 M$ et $O_2 B_2 M_2$ sont semblables $\Rightarrow$ $O_1 AM_1 = M_2 AO_2$
$\Rightarrow M_1 BM_2$ sont alignés.

$$************************$$

56-

I) $A = \{a, b, \{x, 3\}, 4\}$ $B = \{a, 4, x\}$
$A \cap B = \{a, 4\}$
$A \cup B = \{a, b, \{x, 3\}, 4, x\}$

II) $E = \dfrac{4 + \sqrt{12}}{7 - \sqrt{3}}$

$\Rightarrow E = \dfrac{(4 + \sqrt{12})(7 + \sqrt{3})}{7^2 - (\sqrt{3})^2} = \dfrac{(4 + 2\sqrt{3})(7 + \sqrt{3})}{49 - 3} = \dfrac{2(2 + \sqrt{3})(7 + \sqrt{3})}{46} = \dfrac{14 + 9\sqrt{3} + 3}{23}$

$$E = \frac{17 + 9\sqrt{3}}{23}$$

III) $x + y = 40$

$$\frac{x}{3} = \frac{y}{5} = \frac{x+y}{3+5} = \frac{40}{8} = 5$$

$$\Rightarrow x = 15, \ y = 25$$

IV)

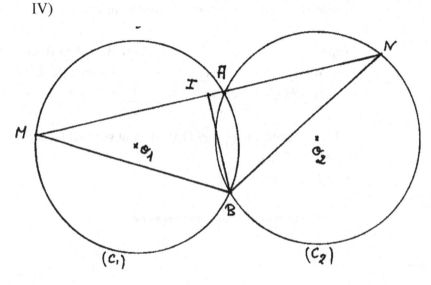

(C_1) (C_2)

1°   On a $\widehat{NMB} = \dfrac{\overparen{AB}}{2}$ (dans C_1) et $\widehat{MNB} = \widehat{MNB}$ parsuite $\widehat{MNB}$ isocèle.

2°   On a d'après 1°) $\widehat{MNB}$ isocèle et I milieu de MN donc BI mediane donc hauteur $\Rightarrow B\widehat{I}A = 90°$ or A et B fixe $\Rightarrow I \in$ au cercle de diamètre AB.

V)

1° Soit O le centre du cercle on a $C\widehat{A}O = 90° \Rightarrow OA \perp AC \Rightarrow$ OA $\perp$ xy avec OA rayon donc (xy) tg au cercle au point A.

2° $A\widehat{H}B = \dfrac{\overparen{AB}}{2} = 90°$ car AB diamètre donc $A\widehat{H}B$ rectangle ou bien on dit $A\widehat{H}B$ rectangle car inscrit dans un demi-cercle de diamètre l'hypoténuse.

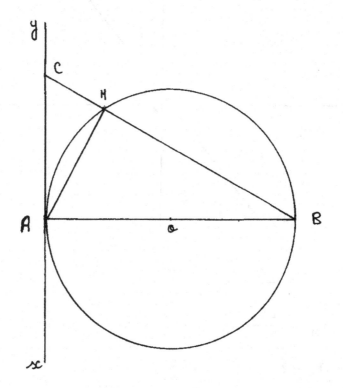

3° $|AB| = 6$ cm, $|AC| = 3$cm
$BC^2 = AC^2 + AB^2 = 9 + 36 = 45 \Rightarrow BC = 3\sqrt{5}$ (car $C\widehat{A}B$ rectangle) et on a une formule qui dit que $Ac^2 = CH . CB = CH . 3\sqrt{5} \Rightarrow 9 = CH . 3\sqrt{5} \Rightarrow CH = \dfrac{3\sqrt{5}}{5}$ cm

$\Rightarrow HB = BC - CH = 3\sqrt{5} - \dfrac{3\sqrt{5}}{5} = \dfrac{12\sqrt{5}}{5}$ cm et on a $AH^2 = CH .$ $HB = (\dfrac{3\sqrt{5}}{5}) (\dfrac{12\sqrt{5}}{5})$

$$\Rightarrow AH^2 = \frac{36.5}{25} = \frac{36}{5}$$

$$\Rightarrow AH = \frac{6\sqrt{5}}{5} \text{ cm}$$

VI)

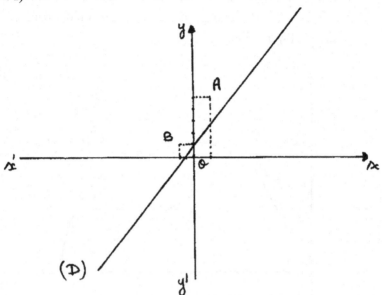

(𝒟)

1° $\quad x_M = \dfrac{x_A + x_B}{2} = \dfrac{0}{2} = 0$

$\quad\; Y_M = \dfrac{Y_A + Y_B}{2} = \dfrac{s+1}{2} = 3$

2° $\quad$ D: y = 2x + 1

x	0	-1/2
y	1	0

$\quad$ D ∩ x'ox = Point (-1/2, 0)

$\quad$ D ∩ y'oy = Point (0, 1)

3° $\quad$ l'éq. De AB : y = ax + b (forme générale) et $A_1 B \in$ à cette droite donc les coordonnées sont vérifiées l'éq. de (AB)

$\Rightarrow 5 = a + b$

$1 = -a + b$

$6 = 2b \Rightarrow b = 3 \Rightarrow a = 5 - b = 5 - 3 = 2 \Rightarrow$

AB : $y = 2x + 3$ comme AB et D en leur pente égaux (égale à 2) donc sont //.

****

57-

I)

1° R_2, R_3 sont réflexive car on a $\forall \ x \in E \ \ x R_2 x$ et $x R_3 x$.

2° R_2 et R_3 sont transitives car $\forall \ x, y, z \in E$ si on a $s R_2 y$ et $y R_2 z$ $\Rightarrow x R_2 z$ de même pour R_3.

3° R_3 symétrique car $\forall \ x \in E$ si on a $x R_3 x$

4° On remarque d'après 1° 2° 3° que R_3 est commune par suite R_3 est une relation d'équivalence.

II) $\begin{cases} x\sqrt{2} + 2y = 4 \\ x - 2\sqrt{2}\ y = -\sqrt{2} \end{cases}$ $\qquad x - \sqrt{3} \qquad \begin{matrix} x\sqrt{2} + 2y = 4 \\ -x\sqrt{2} + 4y = 2 \end{matrix}$

$\Rightarrow 6y = 6 \Rightarrow y = 1 \Rightarrow x = \dfrac{2}{\sqrt{2}} = \sqrt{2}$

III)

1° $E = \sqrt{x}(x-1) + 2(x-1) = (x-1)(\sqrt{x}+2)$

2° $F = \dfrac{x + 3\sqrt{x} + 2}{\sqrt{x} + 1} = \dfrac{(x + 3\sqrt{x} + 2)(\sqrt{x} - 1)}{x - 1} = \dfrac{x\sqrt{x} - x + 3x - 3\sqrt{x} + 2\sqrt{x} - 2}{x - 1}$

$$= \frac{x\sqrt{x} + 2x - \sqrt{x} - 2}{x-1} = \frac{(x-1)(\sqrt{x}+2)}{x-1} \quad \text{d'après } 1°$$
$$\Rightarrow F = \sqrt{x} + 2 \text{ à condition } x \neq 1$$

IV)

1° $A(x)$ $= (x - 3)^2 - (x - 3)(7x + 4) + 2(x^2 - 9)$
    $= (x - 3)^2 - (x - 3)(7x + 4) + 2(x - 3)(x + 3)$
    $= (x - 3)[x - 3 - 7x - 4 + 2x + 6] = (x - 3)(-4x - 1)$

$B(x)$ $= (3x + 2 - x - 1)(3x + 2 + x - 1) = (2x + 1)(4x + 1)$

$C(x)$ $= x^2 + 4x + 4 - 4 - 5 = x^2 + 4x + 4 - 9 =$
    $(x + 2)^2 - 9 = (x + 2 - 3)(x + 2 + 3)$

$\Rightarrow C(x) = (x - 1)(x + 5)$

2° $A(x) \cdot B(x) = 0 \Rightarrow (x - 3)(-4x - 1)(2x + 1)(4x + 1) = 0 \Rightarrow$
    $-(x - 3)(4x + 1)^2 (2x + 1) = 0$ chaque facteur $= 0 \Rightarrow$
    $X = 3$ ou $x = -1/4$ ou $x = -1/2$

*) $A(x) = B(x) \Rightarrow -(x - 3)(4x + 1) = (4x + 1)(2x + 1)$
$\Rightarrow (4x + 1)[2x + 1 + x - 3] = 0 \Rightarrow (4x + 1)(3x - 2) = 0$
$\Rightarrow x = -1/4$ ou $x = 2/3$

N.B: on ne peut pas directement simplifier par $(4x + 1)$ car peut être égale à zéro.

V)

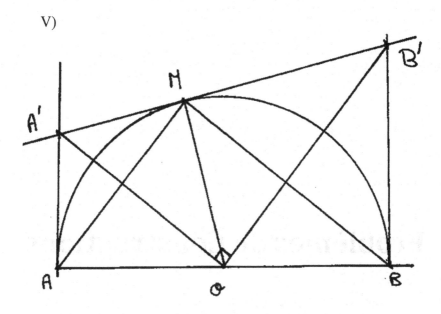

1° On a A'M = A'A car 2tg issu d'une même point et OM = OA
= rayon donc OA' médiatrice du triangle AOM qui est isocèle
donc bissectrice de la même façon on démontre que OB'
bissectrice de MOB et on remarque que OA' et OB' sont les 2
bissectrices intérieur est extérieur de l'angle A'OB' donc sont
⊥ par suite A'OB' rectangle en O.

2° Les 2 triangles A'AO et OBB' sont semblables car A = B = 90°
et AA'O = B'OB (admet le même complémentaire A'OA)

Par suite $\dfrac{|a'A|}{|OB|} = \dfrac{|A'O|}{|OB'|} = \dfrac{|AO|}{BB'} \Rightarrow |A'A|.|BB'| = |OB|.|AO|$

$\Rightarrow$ a.b = r.r = r²

Problèmes de Constructions

1- Construis un triangle rectangle d'hypoténuse BC=5cm et de hauteur AH = 2cm.

2- Construis un triangle isocèle de sommet principal A sachant que A = 40°, et la hauteur AH = 4cm.

3- Dans un triangle ABC, BC = 5cm, BA = 3cm et la hauteur CH = 4cm. Construis ce triangle,

4- Construis un triangle ABC tel que AB=4cm, AC = 3 cm et la hauteur AH = 2,3cm.

5- Construis un triangle ABC sachant que BC=5cm, la hauteur AH =3cm et la médiane AM=4cm.

6- Place trois points non alignes A,B et H. Construis un triangle ABC tel que H en soit l'orthocentre.

7- Construis un triangle isocèle ABC de sommet principal A sachant que la médiane AM = 5cm et que le rayon du cercle circonscrit a ABC est de 3 cm.

8- Construis un trapeze rectangle ABCD (A - D = 90°) tel que AB=4cm, DC = 6cm et BC = 3cm.

9- Construis un rectangle ABCD d'aire 12cm tel que AC = 6cm.

10- Construis un rectangle ABCD de centre F connaissant A, F et une droite A sur laquelle se trouve B. La construction est-elle toujours possible ?

11- Comment on construit l'ove?

Solutions:
Problèmes de constructions

1-

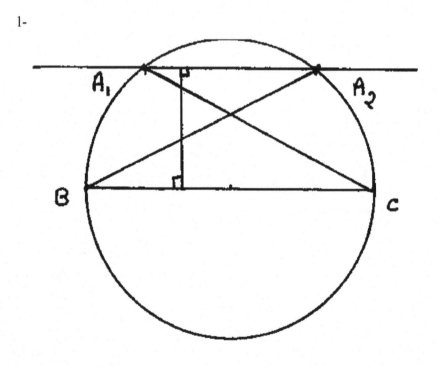

On construit le cercle de centre O est de diamètre BC donc A $\in$ à ce cercle car $\widehat{A} = 90°$ puis on dessine à une distance de 2 cm de BC une droite // BC, cette droite coupe le cercle on 2 points A$_1$ et A$_2$ qui sont 2 solutions possibles du problème.

****

2-

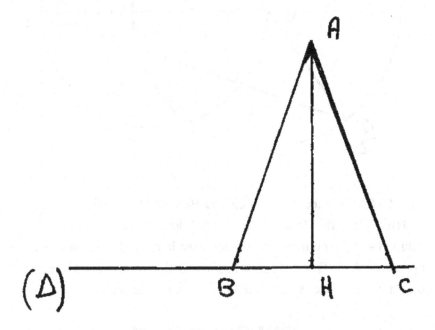

On dessine une droite (D) sur cette droite on place le point H puis on trace un segment passant par H est $\perp$ en H de longueur 4 cm donc on obtient à [AH], or AH hauteur abaissé du sommet principale donc à la fois bissectrice donc B$\widehat{A}$H = H$\widehat{A}$C = 20° donc on peut maintenant placer les points B et C.

****

3-

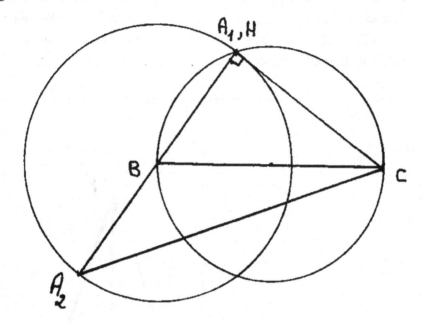

On a $C\widehat{H}B = 90°$ (car CH hauteur) $\Rightarrow BC^2 = CH^2 + HB^2$

$\Rightarrow HB^2 = 25 - 16 = 9 \Rightarrow HB \Rightarrow 3 = AB$ donc $A \equiv H$ c'est la 1ère solution soit A_1, pour la 2ème solution c'est la point diamétralement opposé de A_1 % B soit A_2 pour la construction on construit 2 cercles, un cercle de centre B de rayon 3 cm, un cercle de diamètre BC.

****

4-

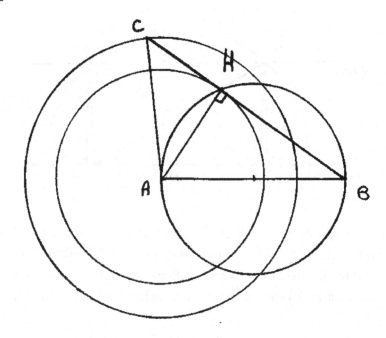

On construit un cercle de diamètre AB donc H ∈ à ce cercle (car Ah hauteur) puis on construit un cercle de centre A est de Rayon AH = 2,3 cm ce cercle coupe le cercle précédent en H on trace maintenant un cercle de centre A de rayon AC = 3cm ce cercle coupe le prolongement de BH or un point qui est C.

****

5-

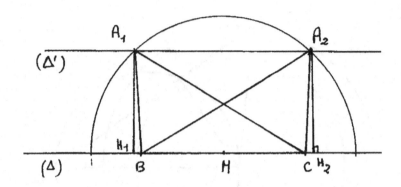

On construits 2 droites (D) et (D') telle que (D) // (D') est la distance entre (D) et (D') égale AH = 3cm on prend sur (D) 2 points B et C, puis on trace le cercle de centre M (milieu de BC) de rayon = 4 cm ce cercle coupe (D') en 2 points A_1 et A_2 qui sont les 2 solutions du problème.

****

6-

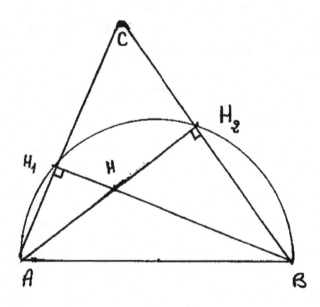

On place les points A, B et H, on trace un cercle de diamètre AB, puis on joint BH, AH qui coupent respectivement le cercle en H_1 et H_2 sont les 2 pieds du hauteur car E au cercle de diamètre AB puis l'intersection de AH_1 et BH_2 n'est autre que C d'où la construction.

****

7-

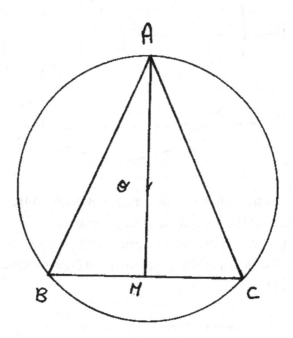

On construit un cercle de centre O est de rayon 3cm on place le point A sur ce cercle on a AM médiane donc AM médiatrice (car $B\widehat{A}C$ isocèle de sommet A) $\Rightarrow$ AM passe par O donc on trace AM = 5 cm et passe par O ; au point M on trace la $\perp$ à Am (car AM médiane à la fois hauteur) cette $\perp$ coupe le cercle en B et C d'où la construction.

****

8-

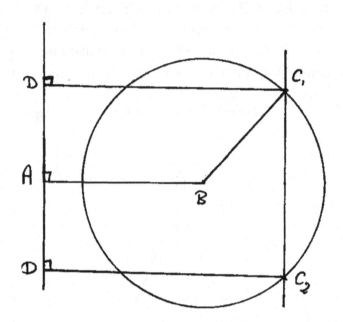

On trace Ab, on trace un cercle de centre B et de rayon BC = 3 cm et une droite ⊥ à AB en A et à une distance 6cm de A on trace une droite ⊥ à AB, cette droite coupe ce cercle en 2 points C_1 et C_2 de ces points on abaisse la ⊥ à droite ⊥ AB passe par A, ces intersections sont les point D.

****

9-

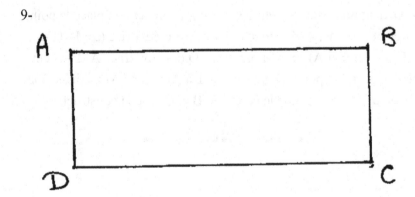

Ab x BC = 12cm²

AC = 6 cm

$A\widehat{B}C$ = 90° (car ABCD rectangle) $\Rightarrow$ AB² + BC² = AC² = 36

$\Rightarrow$ (AB + BC)² = 36 + 2AB x BC = 36 + 24 = 60

$\Rightarrow$ AB + BC = $2\sqrt{15}$ cm   (I)

De même (Ab – BC)² = 36 – 24 = 12cm²

$\Rightarrow$ AB – BC = $2\sqrt{3}$ (II)

(I) + (II) $\Rightarrow$ 2Ab = 2($\sqrt{15}$ + $\sqrt{3}$)

$\Rightarrow$ AB = $\sqrt{15}$ + $\sqrt{3}$ = 5,6cm

$\Rightarrow$ BC = $\sqrt{15}$ - $\sqrt{3}$ = 2,1cm

****

10-

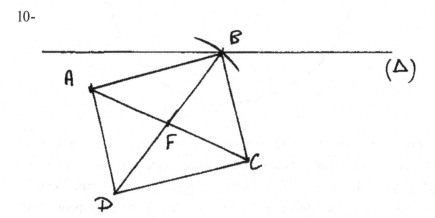

Pourque la construction soit possible il faut que FA = FB si non la construction est impossible si FA = FB, on place le point D, diamétralement opposé de B% F d'où la construction avec B $\in$ à l'intersection de cercle de centre F et de rayon FA avec (D).

****

11- Méthode de construction de l'ove :

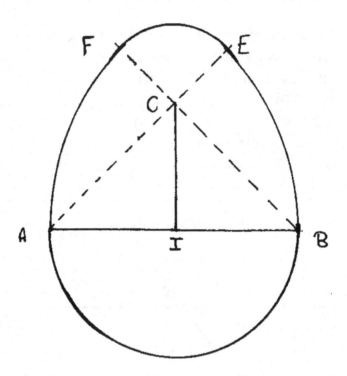

L'ove est une courbe fermée à quatre centres, formées de quatre arcs de cercle, soit Ab un segment de longueur donné par son milieu I on élève une ⊥ IC telle que IC = IA par les points A et B comme centre on trace ces cercles qui coupent (de rayon AB) le prolongement de AC et BC en E et F par C (de rayon CE = CF) comme centre on dé it l'arc $\widehat{EF}$ et par I comme centre on trace le demi-cercle de diamètre Ab.

Qui cherche trouve

1) parmi les trois nombres qui manquent, le troisième est le triple du premier , avec une même lettre représente un même chiffre ?

```
   2  6  9 3 0
 + 1  5  3 2 7
 + 2  1  5 1 2
 + A H C G A
 + D A G C G
 + G E C B G
   1 9 5 2 4 6
```

2) Trouve x pour que l'aire soit égale a 24 cm.cm

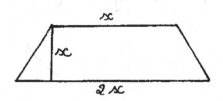

3) ABCD est un rectangle tel que : AB = CD = 4R, calcul BC en fonction de R.

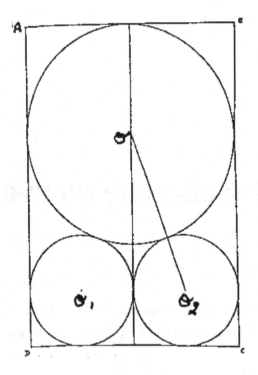

4) calcule x pour que l'aire hachurée soit le quart de l'aire non hachurée.

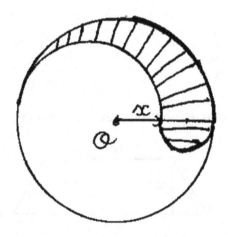

5) les cercles de centre I, L et T sont deux a deux tangents. Ils sont isométriques.

Leur rayon est de 4cm. comment calculer l'aire hachurée ?

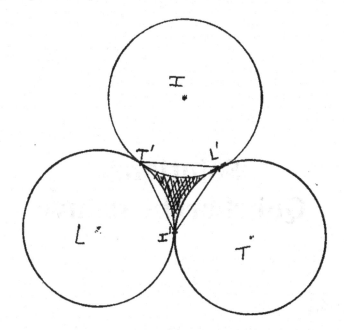

6) écris le nombre 21 de neuf manières différentes. Pour ces neuf égalités, il ne faut utiliser que des 1 la première fois, que des 2 la deuxième fois,..............., que des 9 la neuvième fois.

*) utilise exactement six fois le même chiffre dans chaque égalité.
*) n'utilise que les quatre opérations et la racine carrée.

7) Approximation de π
8) Montrer que les 3 médiatrices d'un triangle quelconque se rencontrent en un seul point
9) Calculer l'aire d'un triangle quelconque en fonction de ces côtés
10) Montrer que les 3 hauteurs d'un triangle se coupent en un seul point

Solutions:
Qui cherche trouve

1- Evidente

Réponse: A   H   C   G   A ≡ 1 2 5 3 1

           D   A   G   C   G ≡ 8 1 3 5 3

           G   E   C   B   G ≡ 3 7 5 9 3

****

2- L'aire du trapèze = $(x + 2x) \cdot \frac{x}{2} = 24$

$\Rightarrow 3x^2 = 48 \Rightarrow x^2 = 16 \Rightarrow x = \pm\, 4$ mais x est une longueur $\Rightarrow x = 4$

****

3-

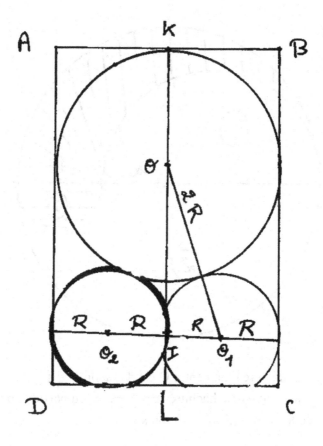

Le triangle $O\widehat{O}_1I$ est rectangle en $I \Rightarrow OI^2 = OO^2_1 - IO^2_1$
$\Rightarrow OI^2 = (2R + R)^2 - R^2 = 8R^2 \Rightarrow OI = 2R\sqrt{2}$
$\Rightarrow BC = KL = KO + OI + IL = 2R + 2R\sqrt{2} + R = R(3+2\sqrt{2})$

****

4-

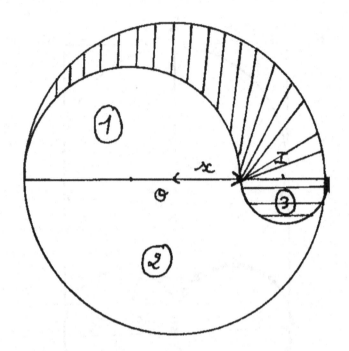

La surface du cercle du centre O est de rayon $1 = \pi$

Soit A_1 l'aire du partie hachurée est A_2 l'aire du partie non hachurée donc $A_1 + A_2 = \pi$ de plus :

$$A_1 = \frac{1}{4}A_2 \Rightarrow \frac{A_2}{4} + A_2 = \pi \Rightarrow \frac{5}{4}A_2 = \pi \text{ or}$$

$$A_2 \, (1) + (2) - (3) = \frac{\pi}{2}\left(\frac{1+x}{2}\right)^2 + \frac{\pi}{2} - \frac{\pi}{2}\left(\frac{1-x}{2}\right)^2$$

$$\Rightarrow A_2 = \frac{\pi}{2}\left(\frac{1+2x+x^2}{4}\right) + \frac{\pi}{2} - \frac{\pi}{2}\left(\frac{1-2x+x^2}{4}\right)$$

$$= \frac{\pi}{8} + \frac{\pi x}{4} + \frac{\pi x^2}{8} + \frac{\pi}{2} - \frac{\pi}{8} + \frac{\pi x}{4} - \frac{\pi x^2}{8}$$

$$\frac{\pi}{2} + \frac{\pi x}{2} = \frac{4\pi}{5}\frac{x}{2} = \frac{x}{2} = \frac{4}{5} - \frac{1}{2} = \frac{3}{10} \Rightarrow x = \frac{6}{10} = \frac{3}{5}$$

****

5- Remarquons que le triangle ILT est équilatéral car IL = IT = LT = 8cm (car sont tgs). De plus on obtient que le triangle T'L'I' est équilatéral car T'LI' = 60° et LT' = LI' = 4 cm $\Rightarrow$ T'I' = 4cm de même pour I'L' et L'T'

$\Rightarrow$ la surface du triangle L'T'I' = $\dfrac{\frac{4\sqrt{3}}{2} \cdot 4}{2}$ = $4\sqrt{3}$cm^2. De plus la surface du triangle $L\widehat{T}$'I'= I'$\widehat{T}$L' = I$\widehat{T}$'L' = $4\sqrt{3}$cm^2

or la surface du secteur angulaire T'LI' = $\dfrac{surface\ du\ cercle}{6}$ = $\dfrac{\pi.16}{6}$ = $\dfrac{8\pi}{3}$

(car T'$\widehat{L}$I' = 60 = $\dfrac{360}{8}$)

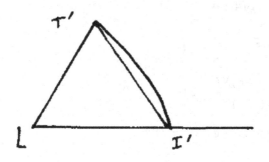

$\Rightarrow$ la surface de

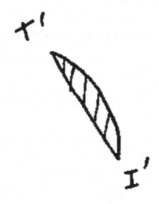

T'I' $-4\sqrt{3} + \dfrac{8\pi}{3} \equiv 1,44 \text{ cm}^2$

$\Rightarrow$ l'aire hachurée $= 4\sqrt{3} - 3 \times 1,44 \equiv 2,6 \text{ cm}^2$

****

6-

1- $11 + 11 - \dfrac{1}{1} = 21$

2- $\dfrac{22 \text{X} 2}{2} - \dfrac{2}{2} = 21$

3- $(3+3)3 - 3 + 3 \text{X} 3 = 21$

4- $(4+4)\sqrt{4} + 4 + \dfrac{4}{4} = 21$

5- $5\sqrt{5.5} - 5 + \dfrac{5}{5} = 21$

6- $\dfrac{(6 \text{X} 6 + 6) \text{X} 6}{(6+6)} = 21$

7- $77 - 7 \text{X} 7 - \sqrt{7 \text{X} 7} = 21$

8- $8 + \dfrac{8}{8} + 8 + \sqrt{8+8} = 21$

9- $9 + 9 + \dfrac{(9+9+9)}{9} = 21$

****

7-

*) 1er approximation :

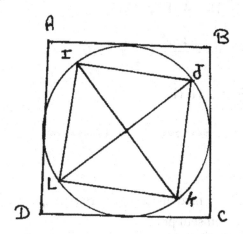

Soit un carré ABCD de côté AB = 2R et soit un cercle (C) de centre O est de Rayon = R inscrit dans le carré et soit un carré IJKL de côté IJ = R$\sqrt{2}$ inscrit dans ce cercle : on a d'après la figure que l'aire (IJKL) < l'aire de cercle (ABCD) $\Rightarrow$ 2R^2 < πR^2 < 4R^2 $\Rightarrow$ 2 < π < 4.

*) 2ème approximation :

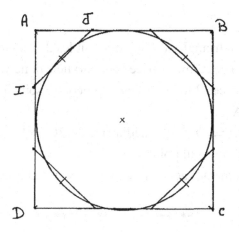

Soit un carré ABCD de côté Ab = 3R, un cercle inscrit dans ABCD de rayon 3/2 R d'après la figure : l'aire du cercle ≡ l'aire (ABCD) – 4 . l'aire (AIJ)

$$\Rightarrow \frac{9}{4} \pi r^2 \equiv 9r^2 - \frac{4 . r^2}{2} \Rightarrow \frac{9}{4} \pi r^2 \equiv 7r^2$$

$$\Rightarrow \pi \equiv \frac{28}{9} = 3.111111\ldots$$

****

8-

Montrer que les 3 médiatrices d'un triangle quelconque se rencontrent en un seul point :

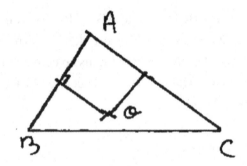

Soit $A\widehat{B}C$ un triangle soit on construit les 2 médiatrices du côté Ab et AC, si ces 2 médiatrice sont parallèle donc B, A et C sont alignés donc ces 2 médiatrices se rencontre soit en O ⇒ OB = OA et OC = OA

⇒ OC = OB ⇒ O ∈ à la médiatrice de BC ⇒ les 3 médiatrices se rencontre en un seul point.

N.B : De la même façon on démontre pour la bissectrice.

****

9-

Calculer l'aire d'un triangle quelconque en fonction de ces côtés
(Heron's theorem) :

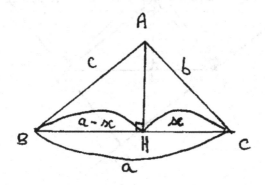

Soit A$\widehat{B}$C un triangle quelconque et AH son hauteur d'après
phytagore $h^2 = b^2 - x^2 = c^2 - (a - x)^2$

$\Rightarrow b^2 - x^2 = c^2 - a^2 + 2ax - x^2$

$\Rightarrow b^2 - c^2 + a^2 = 2ax \Rightarrow x = \dfrac{b^2 - c^2 + a^2}{2a}$

$\Rightarrow h^2 = b^2 - x^2 = (b - x)(b + x) = (b - \dfrac{b^2 - c^2 + a^2}{2a})(b + \dfrac{b^2 - c^2 + a^2}{2a})$

$\Rightarrow h^2 = (\dfrac{2ab - b^2 + c^2 + a^2}{2a})(\dfrac{2ab + b^2 - c^2 + a^2}{2a})$

$\Rightarrow$ l'aire A$\widehat{B}$C $= \frac{1}{2}$ a h $= \frac{1}{4}\sqrt{(2ab - b^2 + c^2 + a^2)(2ab + b^2 - c^2 + a^2)}$

Ex : soit le triangle A$\widehat{B}$C avec Ab = 4, Ac = 3, BC = 5cm.
Calculer son aire ?

$\Rightarrow A(A\widehat{B}C) = \frac{1}{4}\sqrt{(30 - 9 - 25 + 16)(30 + 9 - 16 + 25)}$

$= \frac{1}{4}\sqrt{12.12.4} = \dfrac{12.2}{4} = 6cm^2$

****

117

10- Les 3 hauteurs d'un triangle se coupent en une seul point :

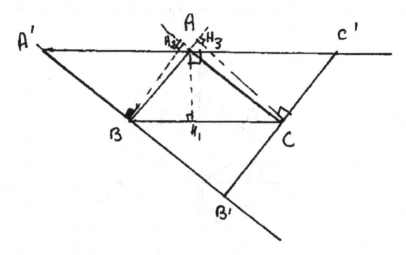

Soit $A\widehat{B}C$ un triangle, on trace les 3 parallèle de A, B et C aux côté du triangle qui se forment quand elles rencontrent un autre triangle A'$\widehat{B}$'C'. On abaisse les 3 hauteurs du triangle $A\widehat{B}C$ soit AH, BH_2 et CH_3, ces 3 hauteurs dans le triangle $A\widehat{B}C$ seront les 3 médiatrices dans le triangle A'$\widehat{B}$'C ! Donc d'après le problème 8 se rencontre en un seul point donc ces 3 hauteurs rencontre en un seul point.

Vrai mais... faux!!!

1- Démontrer que -1 = 1 ?

$-1 = (-1)^3 = (-1)^{b/2} = \sqrt{(-1)^6} = \sqrt{1} = 1$!!!

****

2- Démontrer que 2 = 1 ?

$x^2 - x^2 = x^2 - x^2$

$\Rightarrow (x - x)(x+x) = x(x - x)$

$\Rightarrow x + x = x$

$\Rightarrow 2x = x \Rightarrow 2 = 1$!!!

****

3- Démontrer que 45 = 0 ?

Peux-tu calculer $1 + 2 + 3 + 4 + 5 + 6 + 7 + 8 + 9$ plus vite ?

Oui, en effet soit (I) S= $1 + 2 + 3 + 4 + 5 + 6 + 7 + 8 + 9$

De même (II) S = $9 + 8 + 7 + 6 + 5 + 4 + 3 + 2 + 1$

⇒ (I) + (II) ⇒ 2S = 9 . 10 ⇒ S = 45
Et (II) – (I) ⇒ 0 = 8 + 6 + 4 + 1 + 9 + 7 + 5 + 3 + 2 + 45
⇒ 45 = 0!!!

****

4- Démontrer que tout point d'un segment est milieu de ce segment?
Soit P un point quelconque d'un segment AB soit C un point
du plan tel que le triangle $C\widehat{A}B$ soit isocèle. Considérons les 2
triangles $C\widehat{A}P$ et $C\widehat{P}B$ sont égaux car
CA = CB, $C\widehat{A}P$ = $C\widehat{P}B$ et cp côté commun ⇒ par conclusion PA
= PB ⇒ P milieu du segment AB !!!

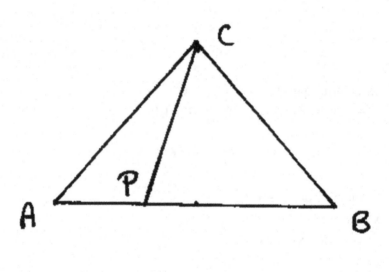

****

5- Démontrer que tout partie d'un angle égale à l'angle entier ?

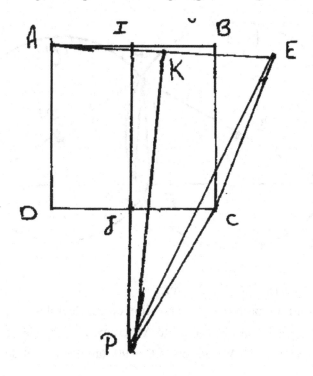

Soit ABCD un carré et I, I milieu respective de AB et CD.

Soit E un point du plan tel que CE = CD, la médiatrice du segment AE coupe la droite IJ en un point P, notons K le milieu de AE.

Preuve : IJ médiatrice de AB et P ∈ à la médiatrice de AE ⟹ PA = PE ⟹ PB = PE et par hypothèse CB = CE et PC commun donc les 2 triangles $P\widehat{C}E$ et $P\widehat{C}B$ sont égaux

⟹ $P\widehat{C}E$ = $P\widehat{C}B$!!!

****

6- Par un point donné on peut abaisser 2 ⊥ distinctes :

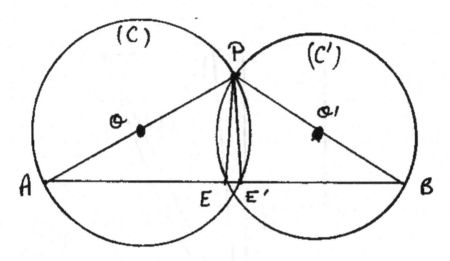

Soit C(o, r), C'(o', r'), 2 cercles

Et soit P un point E à l'intersection de ces 2cercles, traçons les diamètres PA et PB. La droite AB coupe les 2 cercles en E et E' distinctes or $P\widehat{E}A = 90°$ et $P\widehat{E}B = 90°$ (angles inscrit dans un ½ cercle)

Donc par un point on peut abaisser 2 ⊥ à une même droite.

****

7-

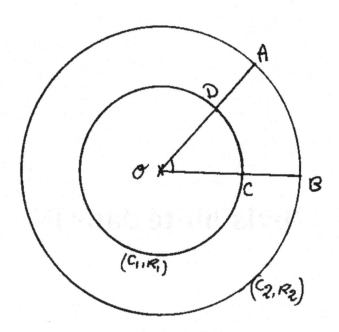

Soit 2 cercles concentriques (c.à.d. de même centre) de centre O et de rayons différentes ($R_2 > R_1$). On a $D\widehat{O}C = A\widehat{O}B \Rightarrow$ $\widehat{DC} = \widehat{AB}$!!!

Divisibilité dans IN

*) Pour qu'un entier soit divisible par 2 il faut et il suffit que son dernier chiffre soit divisible par 2 c.à.d. soit (0, 2, 4, 6, 8).

Ex : 2 – 40 – 54 – 16 – 978 – 1208 – 78.

*) Pour qu'un entier soit divisible par 3 il faut et il suffit que la somme de ses chiffres soit divisible par 3 (c.à.d. 3 – 6 – 9 – 12 – 15 …)

Ex : 3 – 123 – 3123 – 1208 – 781 –

*) Pour qu'un entier soit divisible par 4 il faut et il suffit que le nombre formé par ses deux derniers chiffres de droite soit divisible par 4.

Ex : 1200 – 1240 – 1204 – 1280 – 1208 …

*) Pour qu'un entier soit divisible par 5 il faut et il suffit que le dernier chiffre de droite soit 0 ou 5.

Ex : 50 – 5 – 555 – 550

*) Pour qu'un entier soit divisible par 6 il faut et il suffit que cet entier soit divisible par 2 et par 3 (car 2 x 3 = 6 et le pgcd (2.3) = 1)

Ex : 1208 – 78
N.B : Autre méthode pour la division par 6 :
On ajoute les chiffres de cet entier sauf le chiffre d'unité (ou le dernier chiffre à droite) puis on multiplie cette somme par 4 puis on l'ajoute au nombre d'unité si le résultat est divisible par 6 alors cet entier est divisible par 6.

Ex : 26538 $\Rightarrow$ 2 + 6 + 5 + 3 = 16 ; 16 x 4 = 64 puis 64 + 8 = 72
Avec 72 = 6 x 12 donc cet entier est divisible par 6.

*) Pour qu'un entier soit divisible par 8 il faut et il suffit que le nombre formé par ses trois derniers chiffres de droite soit divisible par 8.

Ex : 75000 – 95464 – 31512

*) Pour qu'un nombre soit divisible par 9 il faut et il suffit que la somme de ses chiffres soit divisible par 9.

Ex : 9 – 90 – 432 – 8217 – 9999